単位が取れる微分方程式ノート

齋藤寛靖

Hiroyasu Saitoh

講談社サイエンティフィク

まえがき

　本書は，主に数学を道具として利用する大学生が，微分方程式の講義を受けるときに，参考書とすることを目的に書かれたものである。
　最も一般的な微分方程式の講義のシラバスを想定し，1階の微分方程式から2階線形微分方程式，連立線形微分方程式までを扱っている。
　基本的には微分方程式の解法のマスターを目指したが，技術の修得には理論を理解することが望ましい。講義の単位を取得するだけではなく，その後の専門課程において，数理モデルの設定など実際の運用面で肥やしとして活かしうるセンスを磨いてもらえるよう，さまざまな内容を盛り込んである。
　本論に入る前に，イントロダクションとして微分・積分というものの概念を簡単に解説した。特に，「考え方」を強調し，思い切って厳密な話をそぎ落としてある。潔癖性の人には違和感があるかもしれないが，あくまで道具と考えるのなら，まずはこうした感覚がモデル作成には重要なのだ。そこを誤解しないようお願いしたい。
　さらに，簡単な数学モデルの作成やその修正の事例についても述べた。こうした実例には数多く触れていただきたい。
　本論においては，できる限り，解法の理論的裏付けにページをさいた。「明日試験だ！」というピンチな諸君（笑）にとってはチョットやりすぎだったかもしれないので，余裕のないときには読み飛ばしてもかまわない。そのために▶▶マークをつけてある。
　とはいえ，ただ公式や解法手順のみを暗記し，機械的に再現するだけの練習では，個々の事例の差異に適応するセンスは養成できない。やはり自分で鉛筆を握り，一行一行書きながら根気よく読み進めるという，昔から繰り返されてきた地味な修練が最適なのである。だからぜひ，長く続く計算式に躊躇することなく，しっかりと取り組んで欲しい。
　1階の微分方程式については，種々のバリエーションに配慮して，有

名どころはなるべく取り上げた。しかしながら，先生によっては扱わないものもあるだろうから，適宜取捨選択されたい。また，完全微分方程式は，どうしても理解が薄くなりがちな多変数の微分・積分のおさらいにもなるので，あえてきっちり説明してある。イントロダクションとあわせて，多変数の微分・積分の見直しをしてもらいたい。

　2階の微分方程式については，線形微分方程式のみを取り上げた。ここでは線形空間との理論的関わりについて注力して解説してある。なにより一般のベクトル空間を学ぶ目的の1つがここにあり，常微分方程式講義の最大の山場でもあるから，そのおもしろさを存分に味わって欲しいのだ。ただロンスキアンによる関数の1次独立性の判定の議論については，少々やりすぎ(笑)なのでパスしてもよい(ここは簡単そうで実は必要十分性を示すのが結構難しく，他の本でもあまり扱っていないので，あえてきちんと書いたのだ)。

　最終的には連立線形微分方程式までを扱っている。ここでは行列の対角化を用いた解法を紹介したので，行列の固有値，固有ベクトルがどのように応用されるのか垣間見ることができるだろう。線形代数を勉強して「どうしてこんなものを考えなければいけないの？」と思ったかもしれないが，こうして利用法を見れば，得心することも多かろうと期待する。

　「なお，ラプラス変換の利用については，私の優秀な後輩である高谷唯人くんが，本書と同じシリーズの『単位が取れるフーリエ解析』において扱っているのでそちらをご参照願いたい。本書を脱稿する際，唯一の心残りであったラプラス変換だが，教え子でもある高谷くんがちゃんと拾い上げてくれた。ありがたい事であると同時に，どうか読書諸氏におかれてもよろしくお願い申し上げる所存である。」

2007年2月　齋藤寛靖

目次

単位が取れる**微分方程式ノート**
CONTENTS

PAGE

第1部 Introduction … 7

- 講義 **00** Introduction ──基礎の確認── … 8

第2部 1階微分方程式 … 39

- 講義 **01** 微分方程式とはなにか … 40
- 講義 **02** 1階微分方程式1 … 54
- 講義 **03** 1階微分方程式2 … 72
- 講義 **04** 1階微分方程式3 … 88
- 講義 **05** 1階微分方程式4 … 110

このマークのついている講義は，急いでいる場合にはとばしても問題ありません。

| 第3部 | 2階以上の微分方程式 | 119 |

| 講義 06 | 2階線形同次微分方程式 ——理論編—— | 120 |

| 講義 07 | 2階線形同次微分方程式 ——解法編—— | 136 |

| 講義 08 | 2階線形非同次微分方程式 | 158 |

| 講義 09 | 高階線形微分方程式 | 178 |

| 講義 10 | 連立線形微分方程式 | 186 |

ブックデザイン——**安田あたる**

contents 5

単位が取れる
微分方程式ノート

第1部

Introduction

Take it easy!

Introduction
基礎の確認

　諸君は高校などで微分・積分について学んできたわけだけれど，計算のしかただけではなく意味までしっかりと理解しているだろうか。ほとんどの諸君にとっては，**微分とは接線の傾き，積分とは面積・微分の逆演算**という理解にとどまっているのではないだろうか。これから微分方程式を学び，利用していくにあたっては，それだけではない微分・積分のもつ意味と役割をイメージしておくべきだ。この講では，そのイメージに重点をおいて解説する。

●微細に分けるのが微分

　わかりやすく，具体例で説明しよう。微分の応用事例といえばすぐに位置と速度が思い浮かぶが，本講もそれを例にとって解説することにする。

　新宿駅を起点(原点)にして，中央線で東京駅に向かって進む電車に乗っているとする。このとき，時刻を x とし，新宿駅からの電車の距離を**位置として時刻 x の関数 $F(x)$ で表される**ものとする(単位は x が秒，$F(x)$ がメートルとでもすればよいだろう)。さて，**ある時刻 x におけるこの電車の速度 $f(x)$ を計測する**にはどうすればよいだろうか。

　単純に考えよう。その計測したい時刻 x から，ほんの数秒後までに電車が動いた距離を計測すればいい。すなわち，Δx 秒間の電車の移動

量を $\varDelta F$ として,このときの**瞬間速度**を,$f(x) = \dfrac{\varDelta F}{\varDelta x}$ とおくのである。

 注 ここでの記号 $\varDelta$ は,「差分—difference」の意味で,ギリシア文字の「d」に相当する文字として用いている。

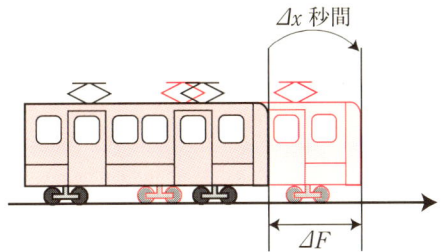

 厳密にいえば,$f(x)$ は $\varDelta x$ 秒間における平均速度であり,瞬間の真の速度とはいえないかもしれない。だが,細かいことはさておき,$\varDelta x$ をものすごく小さくすれば,十分にそこでの瞬間速度といってよいだろう。つまり,数秒である $\varDelta x$ よりもさらに微小な $\mathrm{d}x$ 秒間の移動量 $\mathrm{d}F$ というものを考えて $\dfrac{\mathrm{d}F}{\mathrm{d}x}$ と表すのである。この瞬間速度を $f(x) = F'(x)$ とおくと,

$$f(x) = F'(x) = \dfrac{\mathrm{d}F}{\mathrm{d}x}$$

と表せる。これを $F(x)$ の微分係数 $F'(x)$ として次のように定めよう。

$F'(x)$ の定義

 x の微小差分 $\mathrm{d}x$ における F の微小変化 $\mathrm{d}F$ と $\mathrm{d}x$ との比を

$$F'(x) = \dfrac{\mathrm{d}F}{\mathrm{d}x}$$

と表す。

 これこそが微分の基本的なコンセプトであり,このことを一般化,抽象化したものを微分と考えてきたのである。

 すなわち,大まかな言い方をすれば $F'(x) = \dfrac{\mathrm{d}F}{\mathrm{d}x}$ から $\mathrm{d}F = F'(x)\mathrm{d}x$ と変形するとき,$\mathrm{d}F$ と $\mathrm{d}x$ とのあいだに(ごく微小な区間において)比例関係があり,その比例係数が $F'(x)$ とみなせるというのが微分の考え

方なのである。

そこで，この関係が成り立つとき，象徴的に次のように定義する。

微分の定義

微小変化 $dF = F'(x)dx$ を F の**微分**と呼ぶ。

そしてこの定義を $F = F(x)$ のグラフにあてはめる。**局所的に $F(x)$ が x の 1 次関数で近似できる**と考えれば，次図のように傾き $F'(x)$ の線分を斜辺にもつ直角三角形の縦辺の長さを F の変化 dF としたとき，dF は横辺 dx と傾き $F'(x)$ の積になる。

このときに近似される 1 次関数(=斜辺)が，接線に対応するというのもわかるだろう。だから「微分係数は接線の傾き」といわれるのだ。

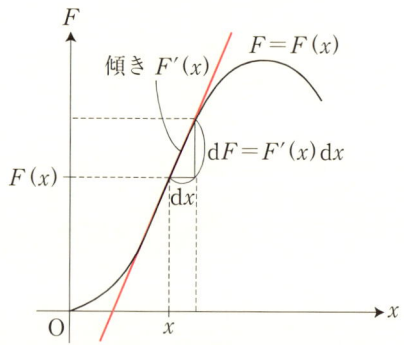

ここまでで直感的なイメージは理解できると思うが，きちんと定めるなら次のように極限値を用いなくてはならない。

微分係数の定義

関数 $F(x)$ において，

$$\lim_{\Delta x \to 0} \frac{F(x+\Delta x) - F(x)}{\Delta x}$$

が収束するとき，$F(x)$ は x で**微分可能**と呼び，その極限値を **$F(x)$ の微分係数 $F'(x)$** と呼ぶ。

この定義によって，$F'(x) = \lim\limits_{\Delta x \to 0} \dfrac{F(x+\Delta x) - F(x)}{\Delta x}$ という等式が成

り立つことになるが，x を変数とした新たな関数 $F'(x)$ と考えてもよい。

導関数の定義

x と微分係数 $F'(x)$ との対応を x の関数とみなし，それを $F(x)$ の**導関数** $F'(x)$ と呼ぶ。

この導関数という考え方によって，

関数 $F(x)$ から関数 $F'(x)$ を作り出す

という「関数から関数への演算」という発想が生まれる。この演算を私たちは微分と呼ぶのだ。

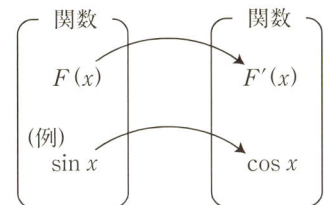

●チクチク分けて積み重ねるのが積分

次に，積分について解説しよう。今度は先ほどの電車に乗っているとしよう。

電車のなかにいるので，時刻 x における正確な電車の位置はわからないが，運転台の速度計はチェックできる。すなわち，$0 \leqq t \leqq x$ となる時刻 t における電車の速度 $f(t)$ (m/s) は計測できるとし，そこから位置を逆算しようというわけだ。もちろん，速度は刻々と変化する。そこで，0 秒から x 秒までの時間をできるだけ微細に分割し，それぞれの瞬間における微小な dt 秒間の移動量 dF を

$$dF = f(t)dt$$

として，それらの総和をとっていけば，「計測しはじめからいままでの総移動量としての現在位置 $F(x)$ を計算できる」はずだ。とくに，この時間差 dt を十分に小さくとれば，その値はより正確となる。

ここでの総和は，有限個の足し算である $\sum_{k=1}^{n} a_k$ というよりは「無限個

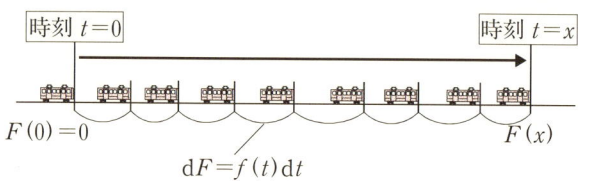

の和」であるとイメージする。さらに「dt は単に微小な量」だというのではなく，この定め方が「閉区間 $[0, x]$（$0 \leq t \leq x$ のこと）を分割したもの」であり，実はこうした一つひとつの dt を集めて総和をとれば，もとの閉区間 $[0, x]$ に復元される(すなわち $\sum dt = x$)という点で和をとるにしても特別の意味がある。そこで，同じ和(sum)を表すとしても違うもの $\int$ を用いて，

$$F(x) = \int_0^x f(t) dt$$

と表すことにしよう。

この記号 $\int$ についている 0 と x は，**計測する時刻のはじめと終わり**を表しており，結果の $\int_0^x f(t) dt$ は「時刻 $t = x$ における位置 $F(x)$」という **x の関数**になっている。また，時刻が $t = a$ から $t = b$ まで変化したときにどれだけ電車が動いたかを意味する**定数 $F(b) - F(a)$** を計算したければ，a から b までの各時刻 $t = x$ における速度 $f(x)$ とそこでの微小時間差 dx の積 $f(x) dx$ を積み重ねるという意味で，

$$F(b) - F(a) = \int_a^b f(x) dx$$

と表せばよい。

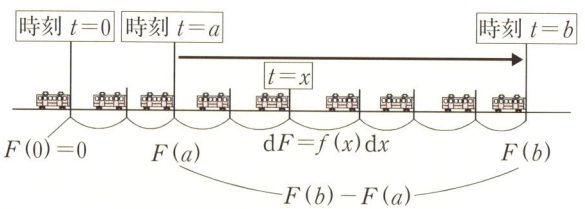

これによって，x の微小変化 dx に対する関数 $F(x)$ の変化が，各 x

において比例係数が $f(x)$ となる dx との比例関係で近似できる。すなわち，

$$dF ≒ f(x)dx$$

と表せるときには，その総和をとることによって，最終的な $F(x)$ の総変化量を $\int_0^x f(t)dt$ として計算できる。

そこで，このような計算規則を一般化し，**積分**として次のように定めることにしよう。

定積分の定義

区間 $[a, b]$ の分割 dx とそれに対応する関数値との積 $f(x)dx$ の総和を $\int_a^b f(x)dx$ と表し，**定積分**と呼ぶ。

実は微小変化 dt および dx は便宜的な量でしかないことに注意しておこう。また x や t を**積分変数**と呼ぶが，ここで求めているのは位置および位置変化であり，重要なのは計測する時刻のはじめと終わりである。つまり積分変数の文字の種類はなんでもよい。

すなわち，次のような等式が成り立つ。

$$\int_a^b f(x)dx = \int_a^b f(s)ds = \int_a^b f(t)dt = F(b) - F(a)$$

●定積分と不定積分

さらに，$\int_a^b f(x)dx$ を xy 平面ならぬ xF 平面上(横軸に x をとって，縦軸に F をとるから xF 平面だ)のグラフでイメージするとどうなるか考えてみよう。

繰り返しになるが，$dF = F'(x)dx$ という式は，x の微小変化 dx における F の変化 dF を比例関係によって近似したものだから，その部分は傾き $F'(x)$ の直線のように見えるはずだ(次ページ左図)。

そうすると，一つひとつの小さな直角三角形の縦の辺である dF の総和として，$x = a$ からどれだけ F 座標が増えたのかを表す式 $F(b) - F(a)$ になっていることも直感的に理解できるだろう(次ページ右図)。

講義00 ●Introduction──基礎の確認──

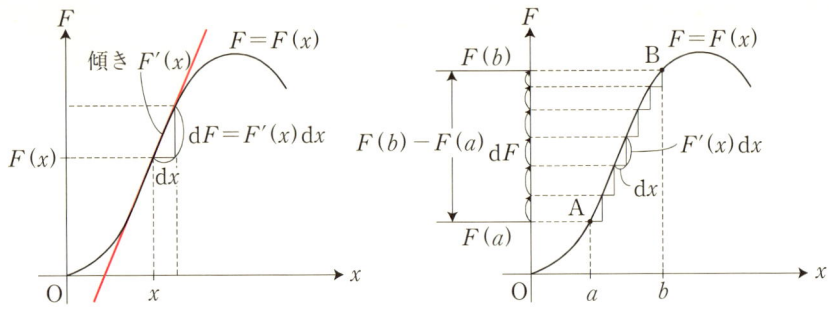

これにより，$F(b)$ が $F(a)$ を出発点としてどれだけ動いたかを表す式が

$$F(b) = F(a) + \int_a^b F'(x)\,dx$$

となることも理解できるだろう。ここで，b の代わりに変数 x とおく。そうすると，積分区間の x と積分変数の x がまぎらわしいので，前の話をもとに積分変数を x から t に書き換えれば，

$$F(x) = F(a) + \int_a^x F'(t)\,dt \quad \cdots\cdots ①$$

となり，立派に x の関数である。

ここで $F'(x) = f(x)$ という関係が成立したらどうなるだろうか？ ①の両辺を x で微分してみよう。

まず右辺の $F(a)$ だが，このなかには変数 x は含まれていないから定数である。定数はいくら x が変化してもなにも変わらないから，その微分は 0 になる。よって，

$$F'(x) = \left\{ F(a) + \int_a^x F'(t)\,dt \right\}' = \left\{ \int_a^x F'(t)\,dt \right\}'$$

ここで $F'(x) = f(x)$ なので，上の式に代入して，

$$\left\{ \int_a^x f(t)\,dt \right\}' = f(x)$$

という式が成り立つ。そう，**積分は微分の逆演算**になっているのだ。

微分・積分学基本定理1

$F'(x) = f(x)$ ならば

$$\left\{\int_a^x f(t)\,\mathrm{d}t\right\}' = F'(x) = f(x)$$

また，次のこともいえる。

微分・積分学基本定理2

$F'(x) = f(x)$ ならば

$$\int_a^b f(x)\,\mathrm{d}x = F(b) - F(a)$$

このように微分して $f(x)$ になる関数 $F(x)$ を $f(x)$ の**原始関数** $F(x)$ と呼ぶ。また，**定数項は微分係数が 0 となり消えてしまうことに注意**すると，定数項の値は無限に考えられ，微分して $f(x)$ になる関数はいくらでも存在する。そこで，**原始関数をまとめて $F(x) + C$ と表す**ことにしよう。ここで C は任意の定数で**積分定数**と呼ぶ。「なんだかよくわからないけど，ここに定数があります」という意味だ。

不定積分の定義

$F(x) + C$ は 1 つに確定した関数ではないという意味で(定数項のズレのみ異なる)，**不定積分**と呼び，

$$\int f(x)\,\mathrm{d}x = F(x) + C$$

と表す。

すなわち，$F(x) + C$ を 1 つとみなせば，この不定積分は，導関数を求めるという関数から関数を作る演算である微分の逆演算として，再び

```
┌ 関数 ┐    微分    ┌ 関数 ┐
│ F(x)+C │ ───→ │ F'(x) │
│        │ ←─── │       │
│        │    積分    │       │
│ (例)   │    微分    │       │
│ sin x+C│ ───→ │ cos x │
│        │ ←─── │       │
└        ┘    積分    └       ┘
```

講義00 ●Introduction ──基礎の確認──

関数から関数を作る演算になっているのだ。

このように積分を計算する場合，2種類を考えることになる。

> ・単純に「微分の逆演算」を考えるなら不定積分
> ・各$f(x)\mathrm{d}x$の「積み重ね」として，「量」や「数値」を計算するなら定積分

● 微積の重要公式

ここでは実際の積分計算における重要な公式と，計算手順の確認をしておこう。証明は必要があれば各自確かめるとして，結果のみ記述する。高校レベルの内容なので，数学IIIC で微分・積分を勉強してきて計算に自信があるという人はとばしてもよい。

---

❶基礎公式

$F'(x) = f(x)$ ならば

$$\begin{cases} \int f(x)\,\mathrm{d}x = F(x) + C \\ \int_a^b f(x)\,\mathrm{d}x = \int_a^b f(t)\,\mathrm{d}t = F(b) - F(a) \end{cases}$$

また

$$\frac{\mathrm{d}}{\mathrm{d}x}\int_a^x f(t)\,\mathrm{d}t = f(x)$$

---

❷線形性

(1) $\{pf(x) + qg(x)\}' = pf'(x) + qg'(x)$

(2) $\int\{pf(x) + qg(x)\}\mathrm{d}x = p\int f(x)\,\mathrm{d}x + q\int g(x)\,\mathrm{d}x$

(3) $\int_a^b \{pf(x) + qg(x)\}\mathrm{d}x = p\int_a^b f(x)\,\mathrm{d}x + q\int_a^b g(x)\,\mathrm{d}x$

---

❸基本操作

(1) $\int_a^b f(x)\,\mathrm{d}x = -\int_b^a f(x)\,\mathrm{d}x$

(2) $\displaystyle\int_a^b f(x)\,dx + \int_b^c f(x)\,dx = \int_a^c f(x)\,dx$

(3) $\displaystyle\int_a^a f(x)\,dx = 0$

❹微分公式（ただし，a は 1 でない正の定数）

(1) $(x^p)' = px^{p-1}$, $(p)' = 0$ （ただし，p は任意の実定数）

(2) $(\sin x)' = \cos x$, $(\cos x)' = -\sin x$, $(\tan x)' = \dfrac{1}{\cos^2 x}$

(3) $(a^x)' = a^x \log a$, $(e^x)' = e^x$

(4) $(\log_a |x|)' = \dfrac{1}{x \log a}$, $(\log |x|)' = \dfrac{1}{x}$

❺積分公式（ただし，a は 1 でない正の定数，p は任意の実定数）

(1) $\displaystyle\int x^p\,dx = \begin{cases} \dfrac{1}{p+1}x^{p+1} + C & (p \neq -1) \\ \log|x| + C & (p = -1) \end{cases}$

(2) $\displaystyle\int \cos x\,dx = \sin x + C$, $\displaystyle\int \sin x\,dx = -\cos x + C$

$\displaystyle\int \dfrac{dx}{\cos^2 x} = \tan x + C$

(3) $\displaystyle\int a^x\,dx = \dfrac{a^x}{\log a} + C$, $\displaystyle\int e^x\,dx = e^x + C$

(4) $\displaystyle\int \log x\,dx = x \log x - x + C$

❻連鎖法則（合成関数の微分法）

(1) $\dfrac{dy}{dx} = \dfrac{dy}{du} \cdot \dfrac{du}{dx}$

この式は $\{f(u(x))\}' = f'(u(x))\,u'(x)$ と同じ

(2) $F'(x) = f(x)$ のとき $\displaystyle\int f(px+q)\,dx = \dfrac{1}{p}F(px+q) + C$

(3) $\displaystyle\int \dfrac{f'(x)}{f(x)}\,dx = \log|f(x)| + C$

(4) $\dfrac{dy}{dx} = \dfrac{1}{\dfrac{dx}{dy}}$ $\left(\text{ただし } \dfrac{dx}{dy} \neq 0\right)$

(5) $\dfrac{dy}{dx} = \dfrac{\dfrac{dy}{dt}}{\dfrac{dx}{dt}}$ $\left(\text{ただし } \dfrac{dx}{dt} \neq 0\right)$

❼積の微分法

(1) $\{f(x)g(x)\}' = f'(x)g(x) + f(x)g'(x)$

(2) $\{f(x)g(x)h(x)\}' = f'(x)g(x)h(x) + f(x)g'(x)h(x)$
$\qquad\qquad\qquad\qquad + f(x)g(x)h'(x)$

❽部分積分法

$F'(x) = f(x)$ のとき

(1) $\displaystyle\int f(x)g(x)\,dx = F(x)g(x) - \int F(x)g'(x)\,dx$

(2) $\displaystyle\int_a^b f(x)g(x)\,dx = \Big[F(x)g(x)\Big]_a^b - \int_a^b F(x)g'(x)\,dx$

❾変数変換（置換積分法）

$\dfrac{dx}{dt} = x'(t)$ について，これを $dx = x'(t)\,dt$ と解釈する。

(1) $\displaystyle\int f(x(t))x'(t)\,dt = \int f(x)\,dx$

(2) $\displaystyle\int_a^b f(x(t))x'(t)\,dt = \int_{x(a)}^{x(b)} f(x)\,dx$

(3) $\displaystyle\int f(x(t))\,dx = \int f(x(t))x'(t)\,dt$

さらに，$x=a$ のとき $t=\alpha$ であり $x=b$ のとき $t=\beta$ ならば

(4) $\displaystyle\int_{x=a}^{x=b} f(x(t))\,dx = \int_{t=\alpha}^{t=\beta} f(x(t))x'(t)\,dt$

置換積分法の定石

$\sqrt{ax+b}$ を含む形 $\Longrightarrow$ $u = \sqrt{ax+b}$ とおく。

例 $u=\sqrt{2x-3}$ とおけば $x=\dfrac{1}{2}(u^2+3)$ となるので，両辺を u で微分すると $\mathrm{d}x=u\,\mathrm{d}u$。したがって
$$\int_{x=2}^{x=3}\sqrt{2x-3}\,\mathrm{d}x = \int_{u=1}^{u=\sqrt{3}} u(u\,\mathrm{d}u) = \int_{1}^{\sqrt{3}} u^2\,\mathrm{d}u = \frac{1}{3}(3\sqrt{3}-1)$$

$\sqrt{a^2-x^2}$ を含む形 $\Longrightarrow x=a\sin\theta$ とおく。

例 $x=\sqrt{2}\sin\theta$ とおけば $\mathrm{d}x=\sqrt{2}\cos\theta\,\mathrm{d}\theta$
$$\int_{x=0}^{x=\sqrt{2}}\sqrt{2-x^2}\,\mathrm{d}x = \int_{\theta=0}^{\theta=\frac{\pi}{2}}\sqrt{2(1-\sin^2\theta)}\,\sqrt{2}\cos\theta\,\mathrm{d}\theta$$
$$= \int_{0}^{\frac{\pi}{2}} 2\cos^2\theta\,\mathrm{d}\theta = \int_{0}^{\frac{\pi}{2}}(1+\cos 2\theta)\,\mathrm{d}\theta = \frac{\pi}{2}$$

$\dfrac{1}{a^2+x^2}$ を含む形 $\Longrightarrow x=a\tan\theta$ とおく。

例 $x=\tan\theta$ とおけば $\mathrm{d}x=\dfrac{\mathrm{d}\theta}{\cos^2\theta}$
$$\int_{x=0}^{x=1}\frac{\mathrm{d}x}{1+x^2} = \int_{\theta=0}^{\theta=\frac{\pi}{4}}\frac{1}{1+\tan^2\theta}\cdot\frac{\mathrm{d}\theta}{\cos^2\theta} = \int_{0}^{\frac{\pi}{4}}\mathrm{d}\theta = \frac{\pi}{4}$$

●偏微分と全微分

　講義 4 で解説する完全微分方程式の解法では多変数の微分・積分の知識が必要になる。そこで 2 変数関数を例に，全微分と重積分について軽く解説しておくことにしよう。

　まず，x と y の 2 変数の関数 $z=f(x,y)$ を考えてみよう。イメージしにくければ，x と y のペア (x,y) を xy 平面上の点に見立てて，その各点に応じて定まる数値 $z=f(x,y)$ を z 座標にとれば，xyz 空間のなかで $z=f(x,y)$ を満たす点全体の集合として 1 つの曲面を構成すると考えることができる。

　1 変数関数のときのように，ここでも微分を考えるとすると，どのようなものになるだろうか。

　1 変数関数 $y=g(x)$ の微分 $\mathrm{d}y=g'(x)\mathrm{d}x$ は，**主変数 x の微小変化 $\mathrm{d}x$**

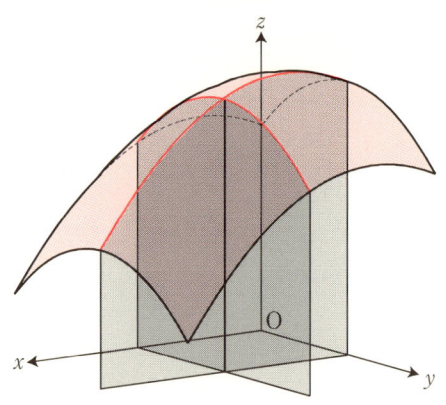

に対する従属変数 y の変化 dy を係数 $g'(x)$ による比例関係として近似したものと考えることができる。いま $z=f(x,y)$ は，変数として x と y の2つをもっているから，

> 微分 dz は，x, y の微小変化 dx, dy の1次式による近似
> $$dz = A\,dx + B\,dy$$
> と表現できる

のではないだろうか。実際に，**重要な関数のほとんどがこの形に表せる**。では，具体的にどうなっているのかを考えよう。

まず，$dz = Adx + Bdy$ の係数 A から考えよう。dx や dy とは x や y の微小変化だが，それらはお互いに無関係に動かせるとしてよいだろう（これを**独立**と呼ぶ）。そうすれば y は固定して x だけ動かすということも可能なはずだ。

このときに $dy=0$ となるから，$dz = Adx + Bdy$ は $\boldsymbol{dz = Adx}$ と変形できる。そうすると，この式は「z の変化を x の微小変化の1次式で近似する」つまり「z の x による微分」を表すことになるのではないだろうか。

でもちょっと待って。z というのは x だけの関数ではないから，これは普通の微分というわけにはいかない。そこで，より正確さを期するために**偏微分**という概念を導入することにしよう。

● 「y を固定して x で微分する」＝「x の1次関数で近似する」

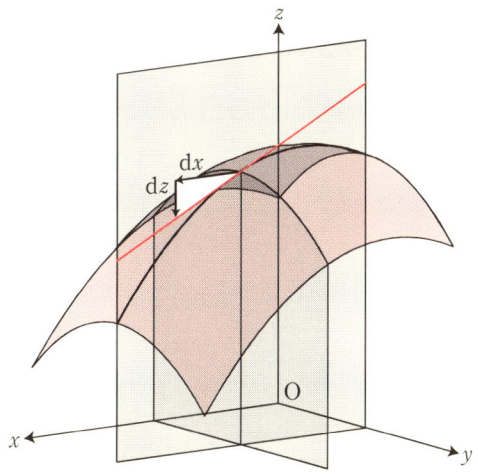

偏微分係数の定義

2変数関数 $z=f(x,y)$ に対して，y を固定して定数扱いにし，x だけで微分したものを x による偏微分係数と呼び，

$$\frac{\partial z}{\partial x} = f_x(x, y)$$

と表す。

同様に，x を固定して定数扱いにし，y だけで微分した y による偏微分係数

$$\frac{\partial z}{\partial y} = f_y(x, y)$$

も定義できる。

注 $\frac{\partial z}{\partial x}$ の読み方は「ラウンドゼット・ラウンドエックス」「デルゼット・デルエックス」「パーシャルゼット・パーシャルエックス」など，$f_x(x, y)$ は「エフエックス・エックスワイ」などである。

もちろん，これらは1変数のときに考えた $\frac{dy}{dx}$ などのように，そのまま x, y を変数と見立てて，そこでの偏微分係数を1つの関数とみなすこともできる。その場合は，

> **偏導関数** $\dfrac{\partial z}{\partial x} = f_x(x, y)$, $\dfrac{\partial z}{\partial y} = f_y(x, y)$

と呼ぶ。

● x を固定して y で微分するのも同様

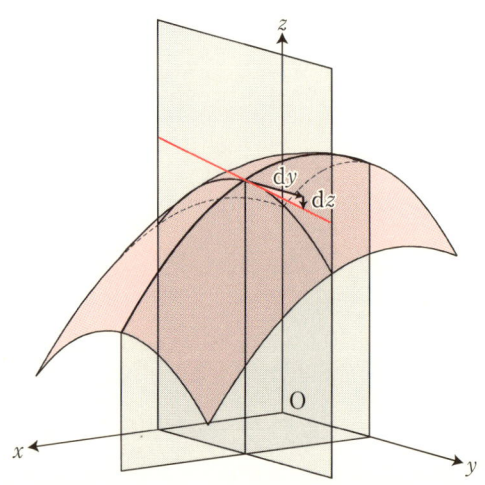

こうして求めた偏微分係数 $A = \dfrac{\partial z}{\partial x}$, $B = \dfrac{\partial z}{\partial y}$ を用いて，先ほどの z の微分 dz を書き直そう。ところで，偏微分というのは特定の方向に限って微分したものだ。いまここで考えたいのは，どの方向へも点 (x, y) を点 $(x+dx, y+dy)$ に微小にズラしてできる z の微小変化 dz の振る舞いなのだ。そこで，偏微分と区別するために **z の全微分 dz** と名付けることにしよう。

全微分の定義

2 変数関数 $z = f(x, y)$ の各点 (x, y) での x, y の微小変化 dx, dy に対する z の変化 dz が，偏微分係数 $\dfrac{\partial z}{\partial x}, \dfrac{\partial z}{\partial y}$ によって

$$dz = \dfrac{\partial z}{\partial x} dx + \dfrac{\partial z}{\partial y} dy \quad \cdots\cdots (*)$$

と近似できるとき，z は **微分可能** と呼び，$(*)$ の形の式を **z の全微分** と呼ぶ。

ここで「近似できるとき」と解説したが，どんなときに近似できるのだろうか．実は，都合がよいことに，次の定理が成り立つ．

定理

関数 $z=f(x, y)$ がその各点 (x, y) において x 方向，y 方向にそれぞれ偏微分可能でかつ，**偏導関数**

$$\frac{\partial z}{\partial x} = f_x(x, y), \quad \frac{\partial z}{\partial y} = f_y(x, y)$$

が連続なら，$z=f(x, y)$ は微分可能であり，全微分は

$$dz = \frac{\partial z}{\partial x} dx + \frac{\partial z}{\partial y} dy$$

となる．

実は，**重要な関数のほとんどはこの定理が成り立つ**ので，最初に偏導関数 $\frac{\partial z}{\partial x}, \frac{\partial z}{\partial y}$ を調べれば事足りる．

例1 $f(x, y) = x^3 y^2 + x$ とすると

$$f_x(x, y) = 3x^2 \cdot y^2 + 1$$
$$f_y(x, y) = x^3 \cdot 2y$$

これらは連続だから，$f(x, y)$ は微分可能であり，全微分は，

$$dz = (3x^2 y^2 + 1) dx + (2x^3 y) dy$$

となる．

例2 $f(x, y) = x \sin y^2$ とすると，同様にして，

$$f_x(x, y) = 1 \cdot \sin y^2$$
$$f_y(x, y) = x \cdot 2y \cos y^2$$

各々連続なので，全微分は，

$$dz = (\sin y^2) dx + (2xy \cos y^2) dy$$

となる．

●全微分の図形的意味

それでは，全微分 $dz = \frac{\partial z}{\partial x} dx + \frac{\partial z}{\partial y} dy$ の図形的な意味をもっと掘り下げてみよう．

右辺は2つの項からなり，1つめの $\frac{\partial z}{\partial x}\mathrm{d}x$ を考えると，偏微分係数 $\frac{\partial z}{\partial x}$ が x 方向の微小変化 $\mathrm{d}x$ にかかる比例係数とみなせるので，曲面 $z=f(x,y)$ 上で点 (x,y) から x 軸方向へのみ $\mathrm{d}x$ だけ移動するとき，z 軸方向には $\frac{\partial z}{\partial x}\mathrm{d}x$ だけ変化すると考えることができる。$\frac{\partial z}{\partial y}\mathrm{d}y$ についても同様にして，y 軸方向へのみ $\mathrm{d}y$ だけ移動するときの z 軸方向の変化が $\frac{\partial z}{\partial y}\mathrm{d}y$ といえるので，これらの和として全微分 $\mathrm{d}z = \frac{\partial z}{\partial x}\mathrm{d}x + \frac{\partial z}{\partial y}\mathrm{d}y$ ができるのだとすると，次の図のようなイメージになる。

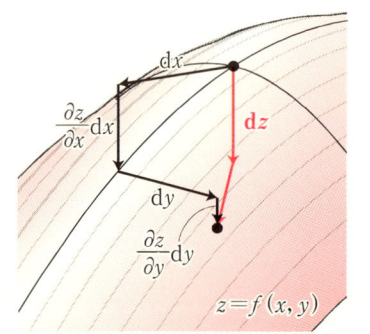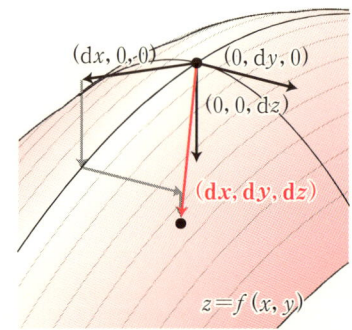

さらに，各方向への変化を成分とするベクトル $(\mathrm{d}x, \mathrm{d}y, \mathrm{d}z)$ を考えてみよう。

ここで全微分の式を変形して，

$$\frac{\partial z}{\partial x}\mathrm{d}x + \frac{\partial z}{\partial y}\mathrm{d}y - \mathrm{d}z = 0$$

と書き換えてみたら，どうだろう。

実はこの式は，見方によってはベクトルの内積と捉えられる。内積というのは高校で学習したように，空間ベクトル $\boldsymbol{a} = (x_1, y_1, z_1)$ と $\boldsymbol{b} = (x_2, y_2, z_2)$ があるとき，$\boldsymbol{a} \cdot \boldsymbol{b} = x_1 x_2 + y_1 y_2 + z_1 z_2$ になるという話だね。

だから，

$$\frac{\partial z}{\partial x}\mathrm{d}x + \frac{\partial z}{\partial y}\mathrm{d}y - \mathrm{d}z$$
$$= \left(\frac{\partial z}{\partial x}, \frac{\partial z}{\partial y}, -1\right) \cdot (\mathrm{d}x, \mathrm{d}y, \mathrm{d}z) = 0$$

とみなして，2つのベクトル $\left(\frac{\partial z}{\partial x}, \frac{\partial z}{\partial y}, -1\right)$ と (dx, dy, dz) が**垂直**になっている状態を表していると解釈できるのだ。

　いま，空間内で各点 $P(x, y, z) = (x, y, f(x, y))$ を固定すれば，それに伴うベクトル $\boldsymbol{n} = \left(\frac{\partial z}{\partial x}, \frac{\partial z}{\partial y}, -1\right)$ も固定される。ここでその点 P の近傍における微小なズレを表すベクトル $\boldsymbol{p} = (dx, dy, dz)$ を考えれば，それは**曲面上全方位を向くことができても，つねに定ベクトル $\boldsymbol{n}$ に垂直**になる。

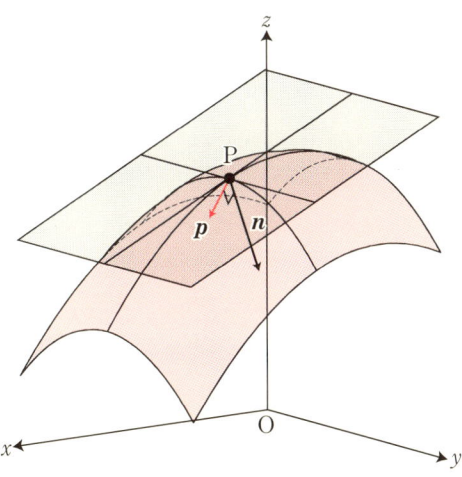

　言い換えれば，曲面 $z = f(x, y)$ 上の各点 $P(x, y, z)$ について，P からほんの少しずれた点は $\boldsymbol{n} = \left(\frac{\partial z}{\partial x}, \frac{\partial z}{\partial y}, -1\right)$ に垂直な平面上にあるとみなせる。つまり，これは接平面を表しており，いわば，

$$\text{「全微分 } dz = \frac{\partial z}{\partial x} dx + \frac{\partial z}{\partial y} dy \text{」} = \text{「接平面」}$$

というイメージになる。考えてみれば，xy 平面上では1次関数は直線を表した。高校で教わった接線の公式を思い出せば，$y = g(x)$ において

$$dy = g'(x) dx \sim y - g(x_0) = g'(x_0)(x - x_0)$$

という対応があったことに気付く。そう，1次関数に近似するとは接線

を考えることだったのだ。

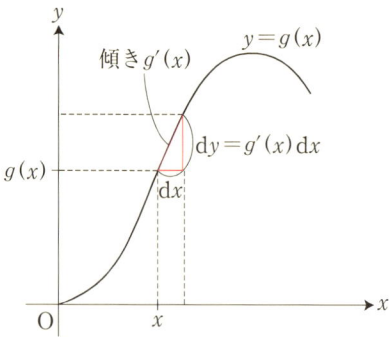

xyz 空間において，1次関数は平面を表す。そして xy 平面と同様に，

$$dz = \frac{\partial z}{\partial x} dx + \frac{\partial z}{\partial y} dy \sim z - z_0 = \frac{\partial z}{\partial x}(x - x_0) + \frac{\partial z}{\partial y}(y - y_0)$$

という対応を考えれば，右の方程式が接平面の方程式を表しており，また，**全微分とは接平面を象徴したもの**といってもよいことがわかるだろう。

注 点 $A(x_0, y_0, z_0)$ を通り，ベクトル $\boldsymbol{v} = (a, b, c)$ に垂直な平面の方程式は，平面上の任意の点を $P(x, y, z)$ とすると $\overrightarrow{AP} \cdot \boldsymbol{v} = 0$ から，

$$a(x - x_0) + b(y - y_0) + c(z - z_0) = 0$$

となる。

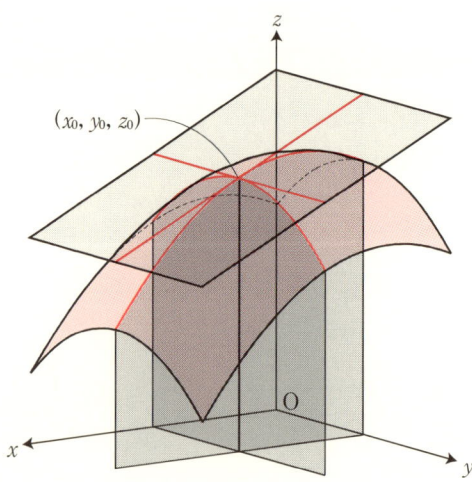

ちなみにこのときの係数のペア $(A, B) = \left(\dfrac{\partial z}{\partial x}, \dfrac{\partial z}{\partial y}\right)$ を**微分係数**,もしくは**勾配ベクトル(gradient)**と呼び,

$$\mathrm{grad}\, f = \nabla f = \left(\frac{\partial z}{\partial x}, \frac{\partial z}{\partial y}\right)$$

などと表す。

高校では微分係数といえば接線の傾きだったけれど,3次元でもやはり微分係数は接平面の向いている方向を表すんだね。

注 ∇ は「ナブラ」と読む。また,$\varDelta$(delta)の逆さまだから,「アトレッド(atled)」と読むこともある。

この勾配ベクトルは,2変数関数 $z = f(x, y)$ であれば,曲面に対して登っていく方向を表すのだが,さらに一般化するために次元を上げるとどうなるだろうか。そこで,ここまで考えてきた2変数関数の代わりに,3変数関数

$$w = f(x, y, z)$$

を考えてみよう。さすがに4次元空間内の曲面はかなり想像しにくい。そこで,$f(x, y, z)$ は xyz 空間内の各点 (x, y, z) に一つひとつの数値が対応するのだから,空間内に立ちこめている霧の濃度とみなしたらどうだろう。

注 都筑卓司『なっとくする物理数学』(講談社,1995年)の表現をお借りした。

もちろん空間内で霧はさまざまに濃度を変えるだろうから,その濃度変化に対して微分が考えられる。すなわち,$w = f(x, y, z)$ に対して,w の微小変化 $\mathrm{d}w$ を x, y, z の1次関数で近似したものを**全微分**

$$\mathrm{d}w = \frac{\partial w}{\partial x}\,\mathrm{d}x + \frac{\partial w}{\partial y}\,\mathrm{d}y + \frac{\partial w}{\partial z}\,\mathrm{d}z$$

とするのだ。2変数関数のときのように3次元空間内での接平面を直接想像することはできないけれど,感覚的に同じ状況なのだと思ってくれてよい。そして,やはりこのときの係数の組を取り出して,**勾配ベクトル**を

$$\mathrm{grad}\, f = \nabla f = \left(\frac{\partial f}{\partial x}, \frac{\partial f}{\partial y}, \frac{\partial f}{\partial z}\right)$$

と表す。そうすると，このベクトルは霧が濃くなっていく方向を指すとイメージできる。

　大学の物理を勉強した人なら，こうした勾配ベクトルを算出する写像を $\nabla = \begin{pmatrix} \frac{\partial}{\partial x} \\ \frac{\partial}{\partial y} \\ \frac{\partial}{\partial z} \end{pmatrix}$ と表し，f に「かけ」て $\mathrm{grad}\, f = \nabla f = \begin{pmatrix} \frac{\partial f}{\partial x} \\ \frac{\partial f}{\partial y} \\ \frac{\partial f}{\partial z} \end{pmatrix}$ を得たことを思い出すだろう。

演習問題 0-1 次の関数の全微分を求めよ。
(1) $z = xy$　(2) $z = x^2 + y^2$　(3) $z = \sin xy^2$
(4) $z = x^3 \log(y^2+1)$　(5) $z = e^x - x^2 y^3 + y^4$

解答＆解説

(1) $\dfrac{\partial z}{\partial x} = y$, $\dfrac{\partial z}{\partial y} = x$ から
$$dz = y\,dx + x\,dy \quad \cdots\cdots (答)$$

(2) $\dfrac{\partial z}{\partial x} = 2x$, $\dfrac{\partial z}{\partial y} = 2y$ から
$$dz = 2x\,dx + 2y\,dy \quad \cdots\cdots (答)$$

(3) $\dfrac{\partial z}{\partial x} = y^2 \cos xy^2$, $\dfrac{\partial z}{\partial y} = 2xy \cos xy^2$ から
$$dz = y^2 \cos xy^2\,dx + 2xy \cos xy^2\,dy \quad \cdots\cdots (答)$$

(4) $\dfrac{\partial z}{\partial x} = 3x^2 \log(y^2+1)$, $\dfrac{\partial z}{\partial y} = \dfrac{2x^3 y}{y^2+1}$ から
$$dz = 3x^2 \log(y^2+1)\,dx + \dfrac{2x^3 y}{y^2+1}\,dy \quad \cdots\cdots (答)$$

(5) $\dfrac{\partial z}{\partial x} = e^x - 2xy^3$, $\dfrac{\partial z}{\partial y} = -3x^2 y^2 + 4y^3$ から
$$dz = (e^x - 2xy^3)\,dx + (-3x^2 y^2 + 4y^3)\,dy \quad \cdots\cdots (答)$$

● 2 変数関数の微分公式

少し気分を変えて，今後利用する重要な定理を挙げておこう。

まず，偏微分の公式から考えよう。例えば $z = f(x, y)$ について，x で偏微分してから y で偏微分した $\dfrac{\partial}{\partial y}\left(\dfrac{\partial z}{\partial x}\right) = \boldsymbol{f_{xy}(x, y)}$ と，その逆の順序で偏微分を行った $\dfrac{\partial}{\partial x}\left(\dfrac{\partial z}{\partial y}\right) = \boldsymbol{f_{yx}(x, y)}$ とを比べるとどうなるだろうか。

例えば $f(x, y) = x^2 y^3 e^y$ とすると，
$$f_{xy}(x, y) = \dfrac{\partial}{\partial y}\{f_x(x, y)\} = \dfrac{\partial}{\partial y}(2xy^3 e^y) = \boldsymbol{6xy^2 e^y + 2xy^3 e^y}$$

$$f_{yx}(x,y) = \frac{\partial}{\partial x}\{f_y(x,y)\} = \frac{\partial}{\partial x}(3x^2y^2e^y + x^2y^3e^y) = \boldsymbol{6xy^2e^y + 2xy^3e^y}$$

となり，なんと一致してしまう。

直感的には意味がつかみにくいが，次の便利な公式が成り立つ。

偏微分の順序交換（シュワルツの定理）

2変数関数 $z = f(x, y)$ において，

$$\frac{\partial}{\partial y}\left(\frac{\partial z}{\partial x}\right) = f_{xy}(x,y), \quad \frac{\partial}{\partial x}\left(\frac{\partial z}{\partial y}\right) = f_{yx}(x,y)$$

がそれぞれ連続であるならば，これらは一致する。すなわち，

$$\frac{\partial}{\partial y}\left(\frac{\partial z}{\partial x}\right) = \frac{\partial}{\partial x}\left(\frac{\partial z}{\partial y}\right), \quad \boldsymbol{f_{xy}(x,y) = f_{yx}(x,y)}$$

つまり，重要な関数のほとんどは，**2つの変数で交互に偏微分するとき，偏微分の順序はどっちが先でもよい**ということなのだ。もちろん，重要な関数すべてについて無条件にこの定理が成立するわけではないが，そのような例外については述べない。

また，1変数関数の微分に，

$$\text{合成関数の微分法}: \frac{dy}{dx} = \frac{dy}{du} \cdot \frac{du}{dx}$$

があるが，その2変数版といえるのが次の定理だ。

連鎖法則1（合成関数の微分法）

2変数関数 $z = f(x, y)$ において，x, y が媒介変数 t で $x = x(t)$，$y = y(t)$ と表され，かつこれらが t で微分可能であれば，z も t で微分可能であり次の式が成り立つ。

$$\boldsymbol{\frac{dz}{dt} = \frac{\partial z}{\partial x} \cdot \frac{dx}{dt} + \frac{\partial z}{\partial y} \cdot \frac{dy}{dt}}$$

全微分においてもまた，$dz = \frac{\partial z}{\partial x}dx + \frac{\partial z}{\partial y}dy$ の両辺を dt で割ったようにみえる。つまり分数ではないけれど，分数のように扱える計算が可能だ。

ところで，上の連鎖法則1は $x = x(t)$，$y = y(t)$ のように x, y がいず

れも1つの変数 t によって支配されている場合だが，状況によっては $x=x(r,\theta)$，$y=y(r,\theta)$ のように，2つの変数で支配される場合もある。一番身近な例として**極座標変換**

$$x = r\cos\theta, \quad y = r\sin\theta$$

が挙げられる。そんな場合は，次の定理が有用だ。

連鎖法則2（合成関数の微分法）

2変数関数 $z=f(x,y)$ において，x,y とも媒介変数 r,θ で $x=x(r,\theta)$，$y=y(r,\theta)$ と表せ，かつ $\dfrac{\partial x}{\partial r}, \dfrac{\partial x}{\partial \theta}, \dfrac{\partial y}{\partial r}, \dfrac{\partial y}{\partial \theta}$ が存在して，それぞれ連続であるとき，

$$\frac{\partial z}{\partial r} = \frac{\partial z}{\partial x}\cdot\frac{\partial x}{\partial r} + \frac{\partial z}{\partial y}\cdot\frac{\partial y}{\partial r} \quad \text{かつ} \quad \frac{\partial z}{\partial \theta} = \frac{\partial z}{\partial x}\cdot\frac{\partial x}{\partial \theta} + \frac{\partial z}{\partial y}\cdot\frac{\partial y}{\partial \theta}$$

が成り立つ。

例1 極座標変換 $x=r\cos\theta$，$y=r\sin\theta$ をした x,y については，

$$\frac{\partial x}{\partial r} = \cos\theta, \quad \frac{\partial x}{\partial \theta} = -r\sin\theta, \quad \frac{\partial y}{\partial r} = \sin\theta, \quad \frac{\partial y}{\partial \theta} = r\cos\theta$$

が成り立つから，

$$\frac{\partial z}{\partial r} = \frac{\partial z}{\partial x}\cdot\cos\theta + \frac{\partial z}{\partial y}\cdot\sin\theta \quad \text{かつ} \quad \frac{\partial z}{\partial \theta} = -\frac{\partial z}{\partial x}\cdot r\sin\theta + \frac{\partial z}{\partial y}\cdot r\cos\theta$$

となる。

例2 $t=xy$ が成り立つとき，$z=f(xy)=f(t)$ が微分可能だとする。z は t の1変数関数だから $\dfrac{\partial z}{\partial t}=\dfrac{\mathrm{d}z}{\mathrm{d}t}$ となるので，連鎖法則より，

$$\frac{\partial z}{\partial x} = \frac{\mathrm{d}z}{\mathrm{d}t}\cdot\frac{\partial t}{\partial x} = f'(t)\cdot y \quad \text{かつ} \quad \frac{\partial z}{\partial y} = \frac{\mathrm{d}z}{\mathrm{d}t}\cdot\frac{\partial t}{\partial y} = f'(t)\cdot x$$

よって $x\dfrac{\partial z}{\partial x}=y\dfrac{\partial z}{\partial y}=xyf'(t)$ となり，$x\dfrac{\partial z}{\partial x}-y\dfrac{\partial z}{\partial y}=0$ が成り立つ。

● 2変数関数の積分

$z=f(x,y)$ に対して，y を定数とみなして固定し，x だけの関数と考えて微分するのが偏微分 $\dfrac{\partial z}{\partial x}=f_x(x,y)$ だが，今度は積分で同じように

考えてみよう。

偏積分の定義

y を定数とみなして固定し，x だけの関数と考えて積分するような計算を**偏積分**と呼び，

$$\int_a^b f(x, y)\,\mathrm{d}x$$

と表す。

例えば，関数 $f(x, y)$ を x について偏積分するとすれば $f(x, y) = h(x)$ とみなすことで，

$$\int f(x, y)\,\mathrm{d}x = \int h(x)\,\mathrm{d}x \quad \text{および} \quad \int_a^b f(x, y)\,\mathrm{d}x = \int_a^b h(x)\,\mathrm{d}x$$

と表すのである。なお，記号は普通に $\int$ を使う。偏微分のときのように特別な記号はない。

例 $f(x, y) = y^2 \sin xy$ のとき

$$\int f(x, y)\,\mathrm{d}x = \int y^2 \sin xy\,\mathrm{d}x = y^2 \int \sin xy\,\mathrm{d}x = -y \cos xy + C$$

$$\int_0^{\frac{\pi}{y}} f(x, y)\,\mathrm{d}x = \int_0^{\frac{\pi}{y}} y^2 \sin xy\,\mathrm{d}x = y^2 \int_0^{\frac{\pi}{y}} \sin xy\,\mathrm{d}x$$

$$= y^2 \left[-\frac{1}{y} \cos xy \right]_0^{\frac{\pi}{y}}$$

$$= 2y$$

文字が多くて見づらいが，積分変数を意識するとよいだろう。

この偏積分 $\int_a^b f(x, y)\,\mathrm{d}x$ の図形的な意味を，次ページの図で考えてみよう。xyz 空間にある曲面 $z = f(x, y)$ に対して y 座標を固定することは，そこで y 軸に垂直な平面による断面を考えることであり，その断面上で x 方向にのみ積分することで，図のような立体の断面積にあたるものを計算することだといえる。なぜなら，**積分という形で総和をとる $f(x, y)\mathrm{d}x$ は，「高さ $f(x, y)$，幅 $\mathrm{d}x$ の微小な長方形の面積」とみなすことができる**からで，そのような細い長方形の総和が面積にあたるのである。

● y を固定し，x で積分することは断面積を求めることに相当する。

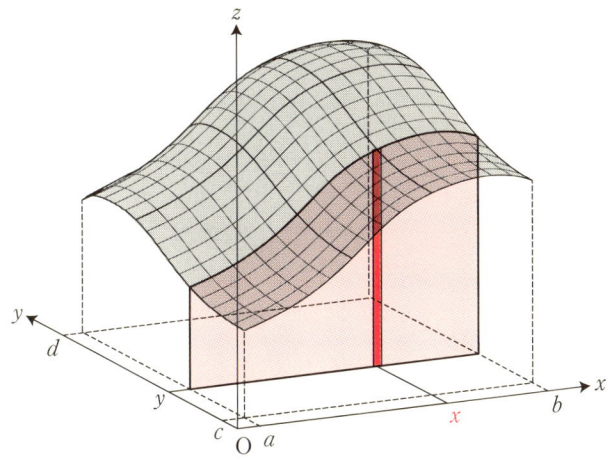

もちろん，この偏積分 $\int_a^b f(x,y)\,\mathrm{d}x$ は x だけで積分するから，積分し終わるとき，x に両端点を代入して積分変数 x は消える。その結果 y の式となるので，

$$S(y) = \int_a^b f(x,y)\,\mathrm{d}x$$

と表せる。

　実は，この $S(y)$ を y で積分するとおもしろいことになる。というのも，繰り返しになるけれど，$S(y)$ を y で積分することは $S(y)\mathrm{d}y$ の総和をとることだが，この $S(y)\mathrm{d}y$ というのが次の図の左側のように，「断面積 $S(y)$，厚み $\mathrm{d}y$ のカマボコ1枚」のようにイメージでき，それを総和すれば右側のように「曲面 $z=f(x,y)$ の下側の領域の体積を求めること」に相当すると考えられるのだ。

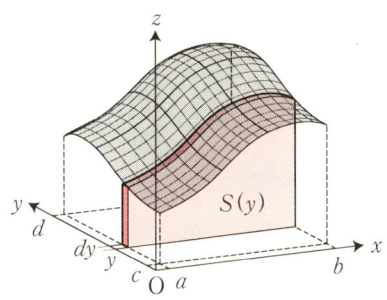 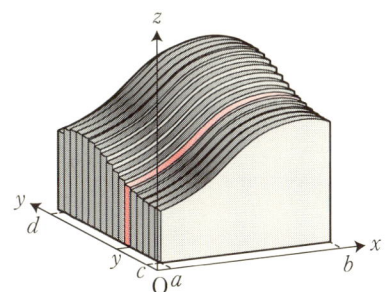

講義00 ● Introduction ──基礎の確認──

すなわち，この体積を V とおくと，
$$V = \int_c^d S(y)\,\mathrm{d}y = \int_c^d \left\{ \int_a^b f(x, y)\,\mathrm{d}x \right\} \mathrm{d}y$$
のように繰り返し積分することで計算できる。この計算を**累次積分**と呼ぶ。ここで積分の順番に注意しよう。先に x で積分するということを強調するために，$\int_c^d \mathrm{d}y \int_a^b f(x, y)\,\mathrm{d}x$ と表すこともある。

累次積分の定義

x で積分してから y で積分するという計算を**累次積分**と呼び，
$$\int_c^d \left\{ \int_a^b f(x, y)\,\mathrm{d}x \right\} \mathrm{d}y \quad \text{もしくは} \quad \int_c^d \mathrm{d}y \int_a^b f(x, y)\,\mathrm{d}x$$
と表す。
$$\int_a^b \left\{ \int_c^d f(x, y)\,\mathrm{d}y \right\} \mathrm{d}x = \int_a^b \mathrm{d}x \int_c^d f(x, y)\,\mathrm{d}y$$
も同様に定める。

この累次積分の値を体積とイメージするなら，その値は1つだから，x で積分してから y で積分しても（次図左），y で積分してから x で積分しても（次図右）求まる体積は同じ値となる。すなわち，**累次積分において，積分の順序は問わない**ことになるはずだ。

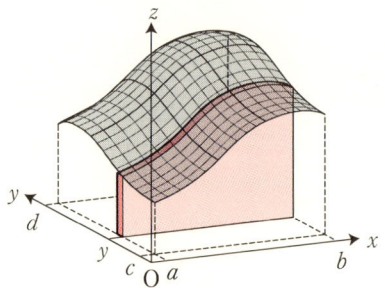 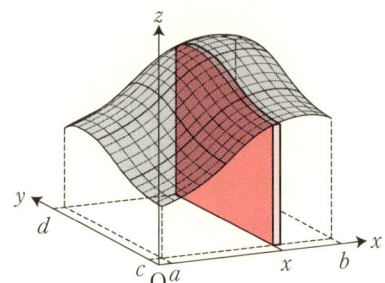

実際，次の定理が成り立つ。

フビニの定理

2変数関数 $z=f(x,y)$ が連続ならば，
$$\int_c^d \left\{\int_a^b f(x,y)\,\mathrm{d}x\right\}\mathrm{d}y = \int_a^b \left\{\int_c^d f(x,y)\,\mathrm{d}y\right\}\mathrm{d}x$$
すなわち，
$$\int_c^d \mathrm{d}y \int_a^b f(x,y)\,\mathrm{d}x = \int_a^b \mathrm{d}x \int_c^d f(x,y)\,\mathrm{d}y$$
が成り立つ。

こうして，累次積分における超重要定理フビニの定理が確認できた。

さて，偏積分に関して，もう1つ便利で重要な定理を確認しておこう。フビニの定理によって，次の定理を示すことができる。

定理

$$\frac{\mathrm{d}}{\mathrm{d}x}\int_a^b f(x,t)\,\mathrm{d}t = \int_a^b \frac{\partial}{\partial x}f(x,t)\,\mathrm{d}t \quad \cdots\cdots ①$$

$$\frac{\mathrm{d}}{\mathrm{d}y}\int_a^b f(t,y)\,\mathrm{d}t = \int_a^b \frac{\partial}{\partial y}f(t,y)\,\mathrm{d}t \quad \cdots\cdots ②$$

いきなり式のみ書かれるとわかりにくいが，要は**同じ変数に関して積分と微分は入れ替えて計算できる**ということだ。

まず，①を証明しよう。

ところで，1変数関数で積分が微分の逆演算となることを端的に表した式として，
$$f(x) = f(a) + \int_a^x f'(t)\,\mathrm{d}t \quad \cdots\cdots ③$$
がある。$f(x,y)$ の y を固定し x の関数と考えることで $f(x)\to f(x,y)$，$f(a)\to f(a,y)$，$f'(t)\to \dfrac{\partial}{\partial t}f(t,y)$ の3つの式を③に代入すると，
$$f(x,y) = f(a,y) + \int_a^x \frac{\partial}{\partial t}f(t,y)\,\mathrm{d}t$$
となる。この両辺を y で c から d までの範囲を積分すると，

$$\int_c^d f(x,y)\,dy$$
$$= \int_c^d f(a,y)\,dy + \int_c^d \left\{ \int_a^x \frac{\partial}{\partial t} f(t,y)\,dt \right\} dy \quad \cdots\cdots ④$$

となり，ここで x を変数とみなせば，右辺の第 1 項 $\int_c^d f(a,y)\,dy$ は定数なので x で微分すると 0 になる。また，右辺の第 2 項はフビニの定理により，t と y の積分順序を入れ替えて，

$$\int_c^d \left\{ \int_a^x \frac{\partial}{\partial t} f(t,y)\,dt \right\} dy = \int_a^x \left\{ \int_c^d \frac{\partial}{\partial t} f(t,y)\,dy \right\} dt$$

と変形できる。この式の右辺を x で微分するが，ここで 1 変数関数のときの

$$\frac{d}{dx} \int_a^x f(t)\,dt = f(x)$$
（削除する／x と置き換える）

の関係を思い出すと，

$$\frac{d}{dx} \int_a^x \left\{ \int_c^d \frac{\partial}{\partial t} f(t,y)\,dy \right\} dt = \int_c^d \frac{\partial}{\partial x} f(x,y)\,dy$$
（削除する／x と置き換える）

となる。つまり，④の両辺を x で微分すると

$$\frac{d}{dx} \int_c^d f(x,y)\,dy = \int_c^d \frac{\partial}{\partial x} f(x,y)\,dy$$

となるが，ここで c, d, y は便宜的な文字なので，それぞれ a, b, t に置き換えてもよく

$$\frac{d}{dx} \int_a^b f(x,t)\,dt = \int_a^b \frac{\partial}{\partial x} f(x,t)\,dt$$

となり，①が成り立つ。

また，①の証明のときと同様にして②も成り立つ。

以上で微分・積分のごく基礎的な部分の復習を終えるとしよう。全部

を確認するのはとても大変だが，どこかの時点でいままで勉強してきたことをおさらいし，自分のなかで再構築しておくことはとても有意義なことと思う。機会があれば，何度も読み返して欲しい。

　また，ここでは微分方程式を理解しやすいように，理論の厳密さには少し目をつむりイメージを誇張して解説している。きちんとした議論に興味のある読者は，大学の講義で使用されている教科書などを参照して欲しい。

単位が取れる微分方程式ノート

第2部
1階微分方程式

Take it easy!

講義 LECTURE 01 微分方程式とはなにか

　「微分方程式とはなにか」なんて，いきなりすごいタイトルで話がはじまるけれども，ここで解説するのは高レベルな微分方程式論ではない。そのような解説は，諸君がもっている教科書を読んでもらうとして，ここでは「私たちにとっての微分方程式」の解説をしよう。前講で，じっくりと微分・積分のおさらいをしたのは，「微分すること」と「積分すること」をしっかりイメージして欲しいためで，それが微分方程式を解くことにつながっていくわけだ。

● 微分方程式とは

　世の中に方程式はたくさんあるけれど，諸君になじみの深い方程式といえば，

$$1次方程式：ax+b=0$$
$$2次方程式：ax^2+bx+c=0$$

といった「数値 x を求めるための方程式」だろう。しかし，本書で扱う微分方程式は少し違って，

$$x の関数 y を求める関数の方程式$$

なのだ。具体的には次のように定める。

微分方程式の定義

　$x, y, y', y'', \cdots, y^{(n)}$（$y^{(n)}$ は x で n 回微分したもの）および定数を含む方程式を**微分方程式**と呼び，微分方程式を満たすような関数 $y = f(x)$ を，その微分方程式の**解**と呼ぶ。

　これらは現れる導関数の階数（次数）の最大値によっても分類できる

（多項式の「次数」と同じ要領だ）。すなわち，

n 階微分方程式の定義

微分方程式に現れる微分の最大階数が n のとき，その微分方程式を，**n 階微分方程式**と呼ぶ。

いくつか例を挙げると，

$$1\text{階線形微分方程式：} y' - (2x+1)y = 2xe^x$$
$$2\text{階線形微分方程式：} y'' - 5y' + 6y = xe^x$$
$$3\text{階線形微分方程式：} y''' - 3y' + 2y = 0$$

などである。「線形」という言葉についてはあとで解説するので気にしなくてよい。

ここで用いられる変数は，x, y に限られているわけではなく，例えば時刻 t に対する位置 $x(t)$ における方程式

$$x''(t) = -kx(t)$$

なども立派に 2 階微分方程式である。この場合 $x(t)$ を求めればよい。

ところで，ここまでで取り上げた微分方程式は，すべて主変数は 1 つで偏微分などは含まれていない。このような 1 変数による微分方程式を**常微分方程式**と呼ぶ。ほかにも多変数関数で偏微分を含む偏微分方程式というものもあるが，これは高度な数学を要し，本書の内容を超えるため，本書では常微分方程式のみ扱うことにする。

> **例題 1-1**　次の式を解とする微分方程式を作れ。
> (1) $y = 2e^{-3x}$
> (2) $y = e^{-x} \sin 2x$

解答 & 解説

(1) $y' = (2e^{-3x})' = -6e^{-3x}$ から
$$y' = -3y \quad \cdots\cdots (\text{答})$$

(2) $y' = (e^{-x} \sin 2x)' = 2e^{-x} \cos 2x - e^{-x} \sin 2x = 2e^{-x} \cos 2x - y$
よって

講義01 ● 微分方程式とはなにか

$$y' = -y + 2e^{-x}\cos 2x \quad \cdots\cdots(\text{答})$$

ところで，この関数についてさらに y'' を求めてみると，

$$\begin{aligned}y'' &= (2e^{-x}\cos 2x - e^{-x}\sin 2x)' \\ &= -4e^{-x}\sin 2x - 2e^{-x}\cos 2x - 2e^{-x}\cos 2x + e^{-x}\sin 2x \\ &= -3e^{-x}\sin 2x - 4e^{-x}\cos 2x = -3y - 4e^{-x}\cos 2x\end{aligned}$$

となる。この式と前の答え $y' = -y + 2e^{-x}\cos 2x$ から $e^{-x}\cos 2x$ がうまく消去できる。

$$\begin{aligned}2y' &= -2y + 4e^{-x}\cos 2x \\ +) \quad y'' &= -3y - 4e^{-x}\cos 2x \\ \hline 2y' + y'' &= -5y\end{aligned}$$

よって，2階の微分方程式 $y'' + 2y' + 5y = 0$ を得る。
これもまた，$y = e^{-x}\sin 2x$ を解とする微分方程式である。

$$y'' + 2y' + 5y = 0 \quad \cdots\cdots(\text{答})$$

●微分方程式を解く

微分方程式は関数の方程式で，その解は微分方程式を満たすような関数だと解説した。では，微分方程式を解くとはどういうことだろうか。

関数 $y = f(x)$ に対して，それを微分した導関数 $\dfrac{dy}{dx} = f'(x)$ による微分 $dy = f'(x)dx$ の話を思い出してくれれば，$y' = f'(x)$ を含む方程式から $y = f(x)$ を導くには，積分が関わってくることが想像できるだろう。

単純な微分方程式の例として，

$$y' = -\sin x \quad \cdots\cdots ①$$

を考えてみると，この微分方程式を解くとは，**微分して $-\sin x$ となる関数を求める**ことであるから，この両辺を x で積分することによって，

$$y = \int(-\sin x)dx = \cos x + C \quad \cdots\cdots ②$$

という解を得る。

ここで C は積分定数であり，②の意味は $\cos x$ と定数項分しか違わない関数はすべて①の解となるということだ。つまり，**微分方程式①を解くということは，①を満たす関数すべてを求めること**だから，任意定数である C を含む形である②を解とするのである。

次の図は $y=\cos x+C$ のグラフである。これらは $y=\cos x$ のグラフを y 軸の正方向へ $+C$ だけ平行移動したものだから，同じ x では同じ傾き $y'=-\sin x$ をもつ。

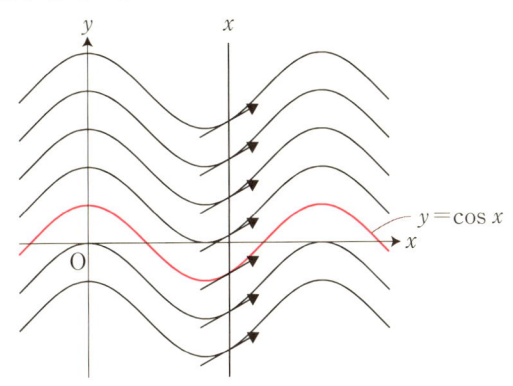

このように，微分方程式の解には微分によって消えてしまう定数項のズレに相当する自由度をもつ任意定数を含むことがわかる。ここで，**任意定数を含む一般的な形の解を「一般解」と呼ぶ**。こうした一般解は xy 平面上に一連の曲線群を描き，これを**解曲線群**と呼ぶ。

解曲線群には，ある特定の点を通る曲線がただ1つに決まる場合がある。先ほどの例 $y=\cos x+C$ でいえば $A(0,2)$ を通るのは $x=0$，$y=2$ を代入すると $C=1$ なので，

$$y = \cos x + 1$$

とただ1つに決定する。

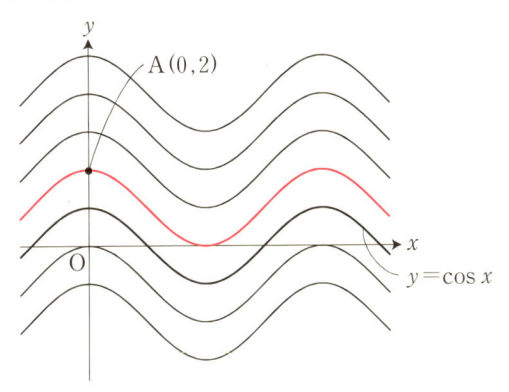

このように，ある特定の(x, y)が与えられることによって，一般解に制限をつけて特定の解を作り出せる場合がある。このような(x, y)の条件を**初期条件**と呼び，それによって特定される解を**特殊解**(または**特解**)と呼ぶ。また，このような初期条件のもとで特殊解を求める微分方程式の問題を**初期値問題**と呼ぶ。

ここで1つ注意。微分方程式を解くとは，その微分方程式を満たす解のすべてを求めることだと解説したが，場合によっては，一般解では表現できない特異な解が存在する。

次の微分方程式を考えてみよう。
$$y = xy' + (y')^2 \quad \cdots\cdots ③$$

117ページで解説するが，③は2種類の解をもっている。$y_1 = Cx + C^2$ (Cは任意定数)とおけば，$y_1' = C$だから③を満たし，y_1は③の一般解となる。ところが$y_2 = -\frac{1}{4}x^2$もまた③を満たす(代入して確かめよう)。このy_2は一般解y_1の変形では表せない。

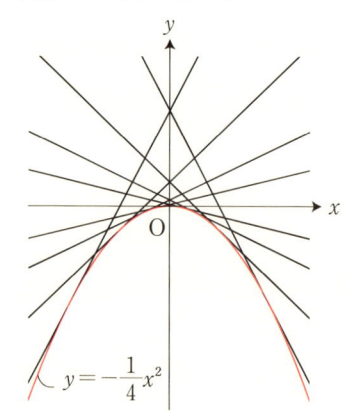

このような特異な解を，そのまま**特異解**と呼ぶ。

注 流儀によっては特異解も含めたすべての解を一般解と呼ぶこともあるが，このような特異解を求めることは一般に難しく，実用上あまり重要でない場合もあるので，本書では先に解説したように**任意定数を含む形の解を一般解**と呼ぶことにする。

●微分方程式によるモデル

　微分方程式は，観察するさまざまな現象を局所的な視点から**数学的モデル**を作ることで解釈を試みるとき，大いに活用される。いくつか例を見ていこう。

　まずは，物体の自由落下を考えてみよう。

　数直線上を運動しているある物体がどのような力も受けていなければ，その物体は一定の速度で運動していると考えられる。等速直線運動，つまり慣性の法則だ。そこで，力とは物体の速度を変化させる作用だと考えることができる。

　いま「地球上のいかなる点における物体に対しても，**均一に下へ向けて一定の力がかかっている**」という仮定があるとする。このとき，鉛直方向にとった数直線上でこの物体の速度を考えれば，**一定の割合で速度が増加・減少**する，すなわち，**加速度が定数値**であるといえる。これを式に表してみよう。

　注　宇宙から見れば地球は「球」だが，周囲100メートル四方で考えればそこを1つの平面とみなしてよい。

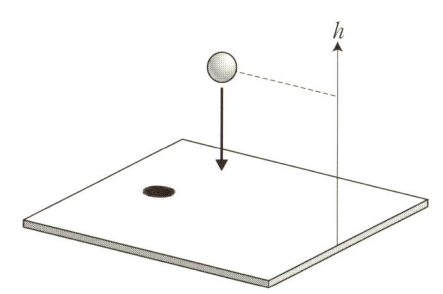

　まず座標軸を設定しよう。ある基準点を原点とし，高さを h とする h 軸を考える(上方が正)。

　いま，ある物体をなにも支えのない状態から，自然に任せて落下させる。時刻 t におけるこの物体の位置 $h(t)$ に対して，速度はその微分だから $v(t) = h'(t)$ と表せ，さらに速度 $v(t)$ の瞬間変化率が加速度だから，加速度は

$$\frac{\mathrm{d}v}{\mathrm{d}t} = v'(t) = h''(t) = \frac{\mathrm{d}^2 h}{\mathrm{d}t^2}$$

と表せる。

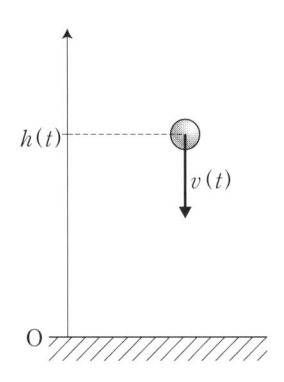

　繰り返しになるが，仮定からこの物体にかかっている力は一定だから，その加速度も一定で，鉛直下方を向いているとして負の定数 $-g$（この g を重力加速度といったね）で表すことにすれば，

$$\frac{\mathrm{d}^2 h}{\mathrm{d}t^2} = h''(t) = -g \quad \cdots\cdots ①$$

という式が成り立つ。

　こうして，「地球上のどこでも物体は一定の力で下向きに引っ張られている」という仮定から，①という微分方程式によるモデルが作り出された。

　それでは，①を解いてみよう。

　あまり難しく考えずに，①の両辺を t で積分すれば，

$$h'(t) = -gt + C_1 \quad \cdots\cdots ②$$

を得る。

　ここで C_1 というのは任意定数であるが，時刻を $t=0$ とすると，$h'(0) = C_1$ となり，$h'(t) = v(t)$ が速度であることを思い出せば，C_1 は初速になる。すなわち，上向きに初速 C_1 で物体を放り投げた場合，ともいえるわけだ。

　さらに②の両辺を t で積分すれば，

$$h(t) = -\frac{1}{2}gt^2 + C_1 t + C_2 \quad \cdots\cdots ③$$

となる。

　ここで C_1, C_2 は任意定数で，③は一般解だが，この C_1, C_2 をある初期条件に基づいて決定することで特殊解を得ることになる。例えば初期条件として，

$$\text{時刻 } t = 0 \text{ のとき：} v(0) = 10, \ h(0) = 2$$

とすれば，位置関数 $h(t)$ は，

$$h(t) = -\frac{1}{2}gt^2 + 10t + 2$$

というように，ただ1つに定めることができる。

　また，$h(t)$ は t の2次関数となり，自由落下において，時刻に対する物体の位置変化は放物線を描くことがわかるだろう。これはガリレオ・ガリレイ(1564～1642)が発見した**落体の法則**の1つ，

　物体が落下するときに落ちる距離は，
　その時間の2乗に比例する

を，初速 $C_1=0$，初期位置 $C_2=0$ として数学的に証明したことになる。もちろんここでは，仮定「物体は下向きに一定の力がかかっている」を前提条件とした議論になっている。

　注　落体の法則のもう1つは「物体が一定の高さを落下するときに要する時間は，その物体の質量に依存しない」である。

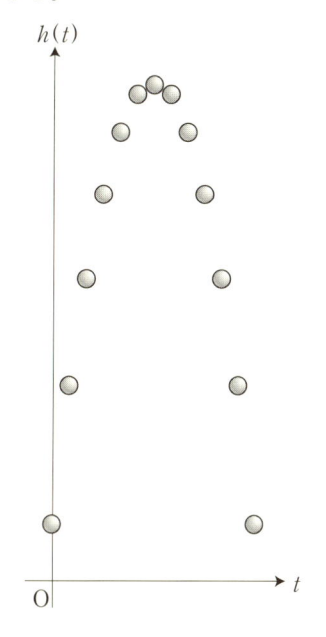

●モデルを修正する

　実は，これまでの自由落下のモデルでは，空気抵抗を考えていなかった。②は傾きが負の直線だから，時刻 t とともに，どんどん速度 $v(t)$ が下向きに大きくなる。例えば，相当な高度から落下してくる雨粒は地

上に到達するときにとんでもない速度になるはずだが，その直撃で人が死亡したという話は聞かない。それは空気抵抗によって，速度にブレーキがかかるからだと推察される。そこで，抵抗力を考慮して先の微分方程式のモデルを修正してみよう。

仮に，**落下物体に対して，その速度に比例して抵抗力がかかる**とすればどうだろう。

ニュートンの運動方程式によれば，力 F は質量 m と加速度(ここでは $v'(t)$ とする)の積として，

$$F = m\frac{d^2 h}{dt^2} = mv'(t)$$

と与えられる。

ここで，自由落下のモデルによれば，もともと質量 m の物体が地球から受ける引力が鉛直下方を向いた $-mg$ であるから，そこへ上向きの抵抗が下向きの速度 $v(t)$ (<0)に比例した $-kv(t)$ (k は比例定数)だけ加わるとすれば，ある時刻 t において，その物体にかかる力は $F = -mg - kv(t)$ となるはずである。これによって，速度 $v(t)$ に関する微分方程式は次のようになる。

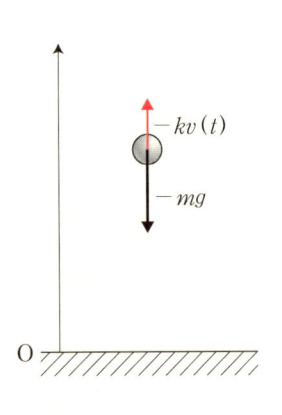

$$mv'(t) = -mg - kv(t) \quad \cdots\cdots ④$$

この形の微分方程式の一般的な解法は次講で解説するとして，結果だけを記しておくと，④の一般解は，

$$v(t) = -\frac{mg}{k} + Ce^{-\frac{k}{m}t} \quad (C は任意定数) \quad \cdots\cdots ⑤$$

となる。実際，⑤の右辺を④の両辺へ代入すれば，

$$左辺：mv'(t) = m\left(-\frac{mg}{k} + Ce^{-\frac{k}{m}t}\right)' = -kCe^{-\frac{k}{m}t}$$

$$右辺：-mg - kv(t) = -kCe^{-\frac{k}{m}t}$$

となって両辺が一致し，微分方程式が成り立つことがわかる。

ここで初期条件を $t=0$ のとき $v=0$ とすれば，⑤より $C=\dfrac{mg}{k}$ となって，

$$v(t) = \frac{mg}{k}\left(e^{-\frac{k}{m}t}-1\right)$$

となる。この関数のグラフを横軸に t，縦軸に v とした tv 座標で図示すれば，時間とともに速度 $v(t)$ は一定の値 $-\dfrac{mg}{k}$ へ収束することがわかり，雨粒が私たちの頭蓋骨を貫通することはないといえるのだ。

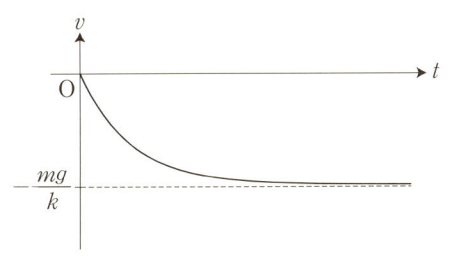

このように，種々の現象に対する解釈としての数学的モデルは，実験や観察の結果に基づき，修正されながら真実へと近づいていくのである。さらに例を見てみるとしよう。

●人口動態モデル——人口爆発は起きるのか

なんと，地球上には60億を超える人々が暮らしているそうだ。「それだけ人間がいるのに，私の赤い糸はどこ?!」といった話はさておいて，このまま人口増加が進むと人類の行く末はどうなってしまうのか。とても気になる話なので，この人口増加の様子を数学的にモデル化できるか考えよう。

実はイギリスのマルサスという経済学者が1798年に著書『人口論』のなかで，そのモデルを提唱しているので紹介しよう。

ある独立した集団があるとし，その集団に人の出入りがなく，また，病気が蔓延したり食料が足りなくなったりすることがないと仮定する。すると，その集団の人数の変化については，出生率も死亡率も一定に推移すると考えられるから，人数自体に比例するとしてよいだろう。すなわち，時刻 t（年）における人数を $N(t)$（人）とすれば，人数の変化は

$\dfrac{dN}{dt}$ となり，比例定数を k とすると，

$$\frac{dN}{dt} = kN \quad \cdots\cdots ①$$

と表せる。

　この微分方程式を解いてみよう。①を変形して，

$$\frac{1}{N} \cdot \frac{dN}{dt} = k$$

とし，その両辺を t で積分すれば，

$$\int \left(\frac{1}{N} \cdot \frac{dN}{dt} \right) dt = \int k\, dt$$

$$\therefore \quad \int \frac{1}{N} dN = \int k\, dt$$

となり，この積分を計算して，

$$\log |N| = kt + C' \quad (C' は任意定数)$$

となる。ここで N はもともと正の値だから $\log N = kt + C'$ とおいてよく，その結果，

$$N = e^{kt+C'} = e^{C'} e^{kt}$$

となるが，C' は任意定数なので，$e^{C'}$ は正の任意定数と考えてよいだろう。そこで，$C = e^{C'}$ とまとめてしまえば，この集団の人数 N は，

$$N(t) = Ce^{kt} \quad (C は正の任意定数)$$

と**指数関数でモデル化**できる。

　このモデルは適用範囲を限定すれば，かなり現実に近い。実際，地球上の人口は1950年ごろには25億人だったが，2000年までの50年足らずで倍以上の60億人まで増えた。このあたりの人口増加の様子をグラフ化すれば，ほぼ指数関数的である。

　しかし，このモデルには決定的な弱点がある。というのは，指数関数は最終的には爆発的な発散をしてしまうという点だ。

　現在，世界の人口増加は爆発的かもしれないが，現実には必ず限界が来るはずだ。このマルサスのモデルでは「病気が蔓延したり，食料が足りなくなったりすることがない」ことを前提としているが，実際には地

球上の敷地は無限ではなく,食料やその他の環境も有限だ。つまり,環境要因が人口増加を阻害すれば,それに応じて人口動態も変化をきたすはずである(現実に一部の国や地域では,さまざまな理由で深刻な飢餓状態にある)。

そこで,そのような阻害要因を加味してもう一度モデルを修正してみよう。すなわち,限られたフィールドにおいて個体同士が接触したときに競争が生じ,それが人口の増加にブレーキをかけるようにモデルを作り直すのである。

ここでは,1837年にベルギーのベルフルストという数理生物学者が提唱した数学モデルを紹介しよう。

1個体あたり,もともと増加率kを有するとして,2個体の接触によってpだけのブレーキが生じるとしよう。このとき,時刻tにおける個体数$N(t)$に対しN^2ほどの接触の機会があり,その結果,$-pN^2$だけ増加が阻害されると考える。

その場合,人口増加速度$\dfrac{dN}{dt}$は,もとのブレーキのかからない状態での人口増加速度が個体数に比例したkNだったことを思い出せば,

$$\frac{dN}{dt} = kN - pN^2 \quad \cdots\cdots ②$$

と表せる。②は,

$$\frac{1}{kN - pN^2} \cdot \frac{dN}{dt} = 1$$

と変形できるので,両辺をtで積分して,

$$\int \left(\frac{1}{kN - pN^2} \cdot \frac{dN}{dt} \right) dt = \int dt \quad \cdots\cdots ③$$

となる。この左辺の計算は少し難しく,部分分数展開を用いる。覚えているかな?

すなわち,

$$\frac{1}{kN - pN^2} = \frac{1}{N(k - pN)} = \frac{a}{N} + \frac{b}{k - pN}$$

と変形できると仮定して,

$$（右辺）= \frac{a(k-pN)+bN}{N(k-pN)} = \frac{ak-(ap-b)N}{kN-pN^2}$$

の分子が1であればよいから，$ak=1$, $ap-b=0$ となるように $a=\dfrac{1}{k}$, $b=\dfrac{p}{k}$ とおくのだ．

よって，③は次のように積分計算ができる．

$$\int\left(\frac{1}{kN-pN^2}\cdot\frac{dN}{dt}\right)dt = \frac{1}{k}\int\left(\frac{1}{N}+\frac{1}{\frac{k}{p}-N}\right)dN$$

$$= \frac{1}{k}\left(\log|N|-\log\left|\frac{k}{p}-N\right|\right)+C_1$$

$$= \frac{1}{k}\log\left|\frac{N}{\frac{k}{p}-N}\right|+C_1 \quad (C_1 \text{ は任意定数})$$

ここで，③の右辺の $\int dt = t+C_2$（C_2 は任意定数）とあわせて，

$$\frac{1}{k}\log\left|\frac{N}{\frac{k}{p}-N}\right|+C_1 = t+C_2$$

$$\therefore\ \log\left|\frac{N}{\frac{k}{p}-N}\right| = kt+k(C_2-C_1)$$

ここで右辺の C_1, C_2 は任意定数であるから，$C_3=k(C_2-C_1)$ とおけば，

$$\log\left|\frac{N}{\frac{k}{p}-N}\right| = kt+C_3$$

とまとめられるので，この対数の中身をとって，

$$\left|\frac{N}{\frac{k}{p}-N}\right| = e^{kt+C_3} = e^{C_3}e^{kt}$$

この絶対値を外せば $\dfrac{N}{\frac{k}{p}-N}=\pm e^{C_3}e^{kt}$ と表せるので，ここから N を引き出せば，$N=\dfrac{\pm ke^{C_3}e^{kt}}{p(1\pm e^{C_3}e^{kt})}=\dfrac{k}{p(1\pm e^{-C_3}e^{-kt})}$ となり，任意定数を $C=\pm e^{-C_3}$ と表すと，最終的に次の式を得る。

$$N=\dfrac{k}{p(1+Ce^{-kt})}$$

このままだとさっぱり想像できないが，試しにグラフを描いてみると，次のようになる。

● $k=2$，$p=1$，$C=4$ とした $N=\dfrac{2}{1+4e^{-2t}}$ のグラフ

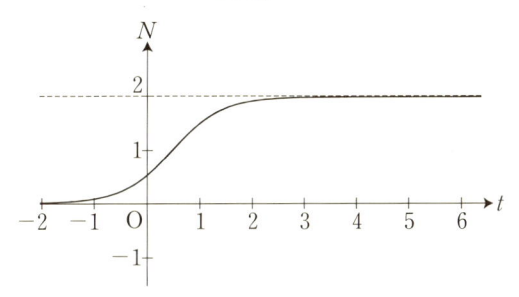

確かに限界が訪れることによって，一定の大きさで安定してしまうようだ。

　もちろん，現実の人口動態がこのように推移するかは定かではない。あくまでこれはモデルの1つだ。ここから，さまざまな要因を加えて，さらに正確なモデルが作られ続けていくのだ。

LECTURE 02 | 1階微分方程式1

　それでは，いよいよ一つひとつの具体的な形式に対する理論と解法を述べていこう。とはいえ，微分方程式の海は無限に広大である。ここでは，ほんのさわりの**1階微分方程式**について述べる。講義1でも説明したとおり，1階というのは導関数の階数が1の方程式だが，それとてさまざまであり，すっきりときれいな解を求められない場合が多い。

●はじめの一歩──変数分離形

　まずは一番基本的な形から話をしていこう。次の形で与えられる微分方程式を**変数分離形**と呼ぶ。

変数分離形
$$\frac{dy}{dx} = \frac{f(x)}{g(y)}$$

　なぜ変数を分離する形なのかというと，次の式のように「=」をはさんで左右に「xの式」と「yの式」とに分けられるからである。そう，そのまんまのネーミングなのだ。

$$g(y)dy = f(x)dx$$

　ここでdxという分母を払ってしまうところに，違和感があるかもしれないが，講義0を読んでもらえば，その意味も見えてくる。
　つまり，この式を直感的にイメージし，dxやdyはxやyの微小な変化であるとして，$f(x)$や$g(y)$がそれぞれその瞬間的変化の割合であると考えると，

> 各微小変化 $f(x)\mathrm{d}x$, $g(y)\mathrm{d}y$ が一致すれば，双方の総和をとった値も一致する。

と考えることができる。そうすると，記号 $\int$ は微分の総和をとる記号として機能していると考えて，

$$\int g(y)\mathrm{d}y = \int f(x)\mathrm{d}x$$

と表すことができるのだ。

　もちろん，これは直感的な「お話」レベルの解説だけれども，数学的にこの結果は正しい。実はこの計算は単なる**置換積分の書き直し**でしかないんだ。

　実際，

$$\frac{\mathrm{d}y}{\mathrm{d}x} = \frac{f(x)}{g(y)} \quad から \quad g(y)\frac{\mathrm{d}y}{\mathrm{d}x} = f(x)$$

と変形して両辺を x で積分すると，

$$\int g(y)\frac{\mathrm{d}y}{\mathrm{d}x}\mathrm{d}x = \int f(x)\mathrm{d}x \quad \cdots\cdots ①$$

となるが，置換積分により

$$\int g(y)\frac{\mathrm{d}y}{\mathrm{d}x}\mathrm{d}x = \int g(y)\mathrm{d}y \quad \cdots\cdots ②$$

なので，①の左辺に②の右辺を代入すれば，

$$\int g(y)\mathrm{d}y = \int f(x)\mathrm{d}x$$

となって，想定した結果になる。つまり

> $g(y)\mathrm{d}y = f(x)\mathrm{d}x$ の両辺に $\int$ を貼り付ける

ようにみえるだけなのだ。この「$\int$ を貼り付ける」操作のように，一見数学的にはいい加減にみえても，結果的に矛盾なく成り立ってしまうことを「**形式的に成り立つ**」という。これはこれでアリなので，$\int$ を貼り付ける操作を解法として覚えてしまおう。

変数分離形の解法

$$g(y)\,\mathrm{d}y = f(x)\,\mathrm{d}x$$

は，

$$\int g(y)\,\mathrm{d}y = \int f(x)\,\mathrm{d}x$$

と変形して両辺を積分する。

そんなわけで，与えられた方程式が変数分離形であれば，簡単に計算に移れるが，方程式が「変数分離形である」ことを見抜く必要がある。それには次のコツが有効だ。

はじめに $y' = \dfrac{\mathrm{d}y}{\mathrm{d}x}$ と書き換える。

例えば $y'=x(y-1)$ を変形すると，$y'=\dfrac{\mathrm{d}y}{\mathrm{d}x}$ とおくことで $y'=x(y-1)$ は $\dfrac{\mathrm{d}y}{\mathrm{d}x}=x(y-1)$ と書き換えられ，両辺に $\mathrm{d}x$ をかけて $y-1$ で割るという操作をすると，

$$\frac{\mathrm{d}y}{\mathrm{d}x}=x(y-1) \implies \frac{1}{y-1}\,\mathrm{d}y = x\,\mathrm{d}x$$

と表せる。このように，$g(y)\,\mathrm{d}y=f(x)\,\mathrm{d}x$ の形にできるのだ。では，具体的に解を求めてみよう。

例題 2-1 $y'=x(y-1)$ を解け。

解答&解説 これを $\dfrac{\mathrm{d}y}{y-1}=x\,\mathrm{d}x$ と変形したいのだが，恒等的に $y-1=0$ の場合，分母が 0 となって都合が悪いので先に調べる。

$y'=\dfrac{\mathrm{d}y}{\mathrm{d}x}$ とおけば

$$\frac{\mathrm{d}y}{\mathrm{d}x} = x(y-1) \quad \cdots\cdots ①$$

定数関数 $y=1$ は $\dfrac{\mathrm{d}y}{\mathrm{d}x}=0$ となり①を満たし，解の1つとわかる。$y-1$

が恒等的に 0 とならなければ，$y-1 \neq 0$ で

$$\frac{\mathrm{d}y}{y-1} = x\,\mathrm{d}x$$

が成立する．この両辺を積分して

$$\int \frac{\mathrm{d}y}{y-1} = \int x\,\mathrm{d}x$$

$$\therefore \quad \log|y-1| + C_1 = \frac{1}{2}x^2 + C_2$$

ここで C_1, C_2 は積分定数であるが，これらを右辺に $C_3 = C_2 - C_1$ とまとめて $\log|y-1| = \frac{1}{2}x^2 + C_3$ とし

$$|y-1| = e^{\frac{1}{2}x^2 + C_3} = e^{C_3} e^{\frac{1}{2}x^2}$$

これは絶対値を外して $y - 1 = \pm e^{C_3} e^{\frac{1}{2}x^2}$ と変形できるが，$\pm e^{C_3}$ は 0 以外のすべての値をとる任意定数なので，これを **$C = \pm e^{C_3}$ とおいて**

$$y = 1 + Ce^{\frac{1}{2}x^2} \quad \cdots\cdots ②$$

ところで，上の C の置き方から本当は $C = \pm e^{C_3} \neq 0$ となるはずだが，実は②で $C = 0$ とおいたときが定数関数の解 $y = 1$ になるので，C は 0 も含む任意の定数といえる．よって求める解は②で，

$$y = 1 + Ce^{\frac{1}{2}x^2} \quad (C \text{ は任意定数}) \quad \cdots\cdots (答)$$

● $C = \pm 2, \pm 1, \pm \frac{1}{2}, \cdots, \pm \frac{1}{1024}, 0$ のグラフ

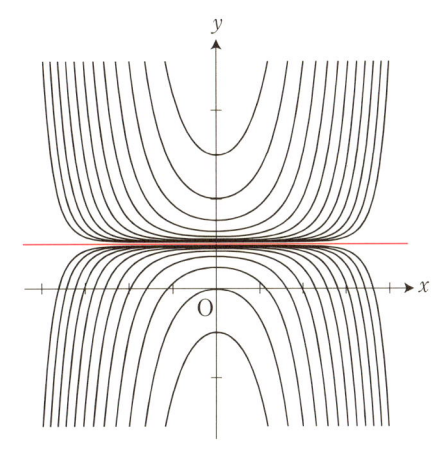

次は最もポピュラーな微分方程式である。一般解を覚えてもよいだろう。

> **例題 2-2** $\dfrac{dy}{dx} = ky$ を解け。

解答&解説

$\dfrac{dy}{dx} = ky$ により，$y \neq 0$ のとき

$$\frac{dy}{y} = k\,dx$$

両辺を積分して

$$\int \frac{dy}{y} = k \int dx$$

$$\therefore \quad \log|y| = kx + C_1 \quad (C_1 \text{ は任意定数})$$

よって，$|y| = e^{kx+C_1} = e^{C_1} e^{kx}$ となり

$$y = \pm e^{C_1} e^{kx}$$

ここで $C = \pm e^{C_1}$ とおくと，$y = Ce^{kx}$ と表せるが，$\pm e^{C_1}$ は本来は0とはなりえない。しかし，はじめの方程式 $\dfrac{dy}{dx} = ky$ は $y=0$ を代入しても成立することから，これも解の1つとなる。

よって，C は0を含めて任意の実数値をとりうるとして，

$$y = Ce^{kx}$$

と表せる。これですべての解を網羅したことになり，一般解といえる。

$$y = Ce^{kx} \quad (C \text{ は任意定数}) \quad \cdots\cdots(\text{答})$$

例題 2-3 $\dfrac{dy}{dx} = 1 - y^2$ を解け。

解答 & 解説

$y = 1$, $y = -1$ は，いずれもこの方程式を満たす解である。

$y \neq \pm 1$ のとき

$$\frac{dy}{1-y^2} = dx$$

$$\therefore \int \frac{dy}{1-y^2} = \int dx$$

ここで，$\dfrac{1}{1-y^2} = \dfrac{1}{2}\left(\dfrac{1}{1-y} + \dfrac{1}{1+y}\right)$ なので（部分分数展開），

$$\int \frac{1}{1-y^2} dy = \frac{1}{2} \int \left(\frac{1}{1-y} + \frac{1}{1+y}\right) dy$$

$$= \frac{1}{2}(-\log|1-y| + \log|1+y|) + C_1$$

$$= \frac{1}{2}\log\left|\frac{1+y}{1-y}\right| + C_1 \quad (C_1 \text{ は任意定数})$$

よって，$\displaystyle\int \frac{dy}{1-y^2} = \int dx$ より $\dfrac{1}{2}\log\left|\dfrac{1+y}{1-y}\right| + C_1 = x + C_2$ となるところだが（C_2 は任意定数），$C_3 = C_2 - C_1$ と書き直せば，

$$\frac{1}{2}\log\left|\frac{1+y}{1-y}\right| = x + C_3 \iff \left|\frac{1+y}{1-y}\right| = e^{2x+2C_3}$$

$$\iff \frac{1+y}{1-y} = \pm e^{2C_3} e^{2x}$$

$C = \pm e^{2C_3}$ とおくと

$$\frac{1+y}{1-y} = Ce^{2x}$$

$$\therefore \quad y = \frac{Ce^{2x} - 1}{Ce^{2x} + 1}$$

これは $C = 0$ とすれば $y = -1$ は表せるが $y = 1$ は表せない。しかし，$y = 1$ は解であったから，これを追加する。

$$y = \frac{Ce^{2x}-1}{Ce^{2x}+1}, \quad y=1 \quad （C は任意定数）\quad \cdots\cdots(答)$$

● $C=\pm\dfrac{1}{e^2}, \pm\dfrac{1}{e}, \pm 1, \pm e, \pm e^2$ としたものと，$y=\pm 1$ のグラフ

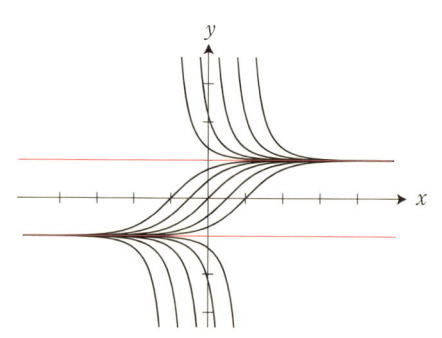

● $\dfrac{y}{x}$ の固まりを作れる方程式──同次形

次の形で与えられる微分方程式を**同次形微分方程式**と呼ぶ。

$$\frac{dy}{dx} = f\left(\frac{y}{x}\right)$$

これは $\dfrac{y}{x}$ を1つの固まりにして式を作れるタイプといえるだろう。例えば，次のようなものだ。

例1 $\dfrac{dy}{dx}=\dfrac{x^2-y^2}{2xy}$ は同次形微分方程式である。つまり，分母・分子ともに x^2 で割れば，

$$\frac{dy}{dx} = \frac{1-\left(\dfrac{y}{x}\right)^2}{2\left(\dfrac{y}{x}\right)}$$

と変形できる。

例2 $x^2\dfrac{dy}{dx}=2xy-y^2$ は同次形微分方程式である。つまり，両辺を x^2 で割れば，

$$\frac{dy}{dx} = 2\left(\frac{y}{x}\right)-\left(\frac{y}{x}\right)^2$$

と変形できる。

注　一般に x, y の式 $f(x, y)$ に対して，$f(ax, ay) = a^k f(x, y)$ が成り立つものを，k 次の同次式と呼ぶ。**あとで述べる線形同次とは意味が違うので注意！**

　　この同次形微分方程式においては，x, y の代わりに ax, ay を代入しても $f\left(\dfrac{ay}{ax}\right) = f\left(\dfrac{y}{x}\right)$ となることから，$f\left(\dfrac{y}{x}\right)$ は 0 次の同次式（$a^0 = 1$ だったね）といえる。

どうすればこの同次形微分方程式を解くことができるのだろうか。例をじっと見ていると，$\dfrac{y}{x}$ が鍵を握りそうだ。そこで，$u = \dfrac{y}{x}$ とおいてみよう。

このとき，$y = ux$ と変形できるが，積の微分法によって，

$$\frac{dy}{dx} = (ux)' = u + u'x = u + x\frac{du}{dx}$$

だから，これをもとの方程式 $\dfrac{dy}{dx} = f\left(\dfrac{y}{x}\right)$ に代入すれば，

$$u + x\frac{du}{dx} = f(u)$$

と表せる。これは，

$$\frac{du}{f(u) - u} = \frac{dx}{x}$$

と変形できるから，立派に変数分離形だ！

この両辺を積分して $\displaystyle\int \frac{du}{f(u) - u} = \int \frac{dx}{x}$ を計算し，最終的に $u = \dfrac{y}{x}$ を代入して u を消去すると，x と y の関係式を得る。

同次形微分方程式の解き方

$y = ux$ とおき，$\dfrac{dy}{dx} = u + x\dfrac{du}{dx}$ を用いて変数分離形とする。

注　もちろん，y が x の式で表せればよいのだが，ムリなときはその x と y の関係が解ということになる。

> **実習問題 2-1**
>
> $\dfrac{dy}{dx} = -\dfrac{x^2-y^2}{2xy}$ を解け。

解答 & 解説

$$\frac{dy}{dx} = -\frac{1-\left(\dfrac{y}{x}\right)^2}{2\left(\dfrac{y}{x}\right)}$$

と変形できる。

$u = \dfrac{y}{x}$ とおくと，$y = ux$ から $\dfrac{dy}{dx} = (ux)' = u + x\dfrac{du}{dx}$ なので

$$u + x\frac{du}{dx} = -\frac{1-u^2}{2u}$$

すなわち

$$x\frac{du}{dx} = \boxed{\text{(a)}}$$

よって

$$\frac{2u}{1+u^2}\,du = -\frac{dx}{x}$$

$$\therefore \int \frac{2u}{1+u^2}\,du = -\int \frac{dx}{x} \quad \cdots\cdots ①$$

①の左辺については，

$$\int \frac{2u}{1+u^2}\,du = \int \frac{(1+u^2)'}{1+u^2}\,du$$

$$= \boxed{\text{(b)}} + C_1 \quad (C_1 \text{ は任意定数})$$

なので，①の右辺と合わせて

$$\log(1+u^2) + C_1 = -\log|x| + C_2 \quad (C_2 \text{ は任意定数})$$

$C_3 = C_2 - C_1$ とおけば

$$\log\{|x|(1+u^2)\} = C_3$$

よって

$$|x|\,(1+u^2) = e^{c_3}$$

$C = \pm e^{c_3}$ とおけば

$$x(1+u^2) = C$$

$u = \dfrac{y}{x}$ を代入して両辺に x をかけて整理すると，一般解は

$$x^2 - Cx + y^2 = 0 \quad (C \text{ は任意定数}) \quad \cdots\cdots (\text{答})$$

● $x^2 - Cx + y^2 = 0$ のグラフ

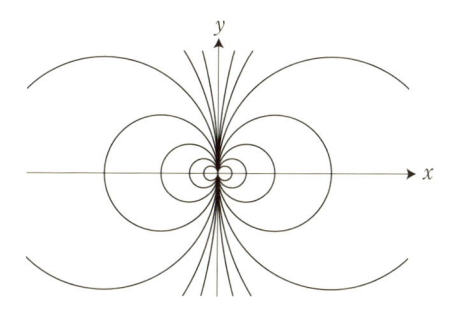

....

(a) $-\dfrac{1+u^2}{2u}$　　(b) $\log(1+u^2)$

● $\dfrac{dy}{dx} = \dfrac{ax+by+c}{px+qy+r}$ 型微分方程式

このタイプの方程式は，うまく変形して同次形にできる。一般論だと少し難しいので，実例で解説しよう。

> **演習問題 2-1**　$\dfrac{dy}{dx} = \dfrac{x-2y}{2x+y}$ を初期条件 $x=1$, $y=1$ のもとで解け。

ヒント!　これは単純な同次形だから解きやすいだろう。同次形の解法をそのまま用いればよい。

解答 & 解説

与方程式は

$$\dfrac{dy}{dx} = \dfrac{1-2\left(\dfrac{y}{x}\right)}{2+\left(\dfrac{y}{x}\right)}$$

と変形できる。

$u = \dfrac{y}{x}$ とおくと，$y = ux$ から $\dfrac{dy}{dx} = u + x\dfrac{du}{dx}$ なので

$$u + x\dfrac{du}{dx} = \dfrac{1-2u}{2+u}$$

よって

$$x\dfrac{du}{dx} = \dfrac{1-2u}{2+u} - u = \dfrac{-u^2-4u+1}{2+u}$$

$$\therefore \quad -\dfrac{u+2}{u^2+4u-1}\,du = \dfrac{dx}{x} \quad \cdots\cdots ①$$

$u+2 = \dfrac{1}{2}(u^2+4u-1)'$ に注意すれば，①から

$$-\dfrac{1}{2}\int \dfrac{(u^2+4u-1)'}{u^2+4u-1}\,du = \int \dfrac{dx}{x}$$

$$\Leftrightarrow -\dfrac{1}{2}\log|u^2+4u-1| = \log|x| + C_1 \quad (C_1 \text{は任意定数})$$

よって
$$\log|x^2(u^2+4u-1)| = -2C_1$$
$C = \pm e^{-2C_1}$ とおけば
$$x^2(u^2+4u-1) = C$$
初期条件 $x=1, y=1$ から
$$C = 4$$
$u = \dfrac{y}{x}$ を代入して整理すると
$$y^2+4xy-x^2 = 4$$
よって，求める解は
$$x^2-4xy-y^2+4 = 0 \quad \cdots\cdots(答)$$

演習問題 2-2　$\dfrac{dy}{dx} = \dfrac{x+2y+1}{2x+y-1}$ を初期条件 $x=2, y=1$ のもとで解け。

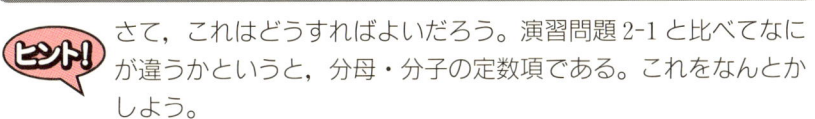

ヒント!　さて，これはどうすればよいだろう。演習問題2-1と比べてなにが違うかというと，分母・分子の定数項である。これをなんとかしよう。

直線 $x+2y+1=0$ が通る点 (α, β) をとると，$\alpha+2\beta+1=0$ が成り立つから，
$$x+2y+1 = (x+2y+1)-(\alpha+2\beta+1) = (x-\alpha)+2(y-\beta)$$
となる。この (α, β) が $2x+y-1=0$ も通るとしたらどうだろうか。やはり
$$2x+y-1 = (2x+y-1)-(2\alpha+\beta-1) = 2(x-\alpha)+(y-\beta)$$
と変形できるので，与方程式は，
$$\frac{dy}{dx} = \frac{x+2y+1}{2x+y-1} = \frac{(x-\alpha)+2(y-\beta)}{2(x-\alpha)+(y-\beta)}$$
と変形できる。もうわかったね。$X=x-\alpha, Y=y-\beta$ と変数変換すれば，立派に同次形になる。

ちなみに，$x+2y+1=0$ と $2x+y-1=0$ との交点は $(1, -1)$ となる。

解答&解説

与方程式を変形すれば，

$$\frac{dy}{dx} = \frac{x+2y+1}{2x+y-1} = \frac{(x-1)+2(y+1)}{2(x-1)+(y+1)}$$

となる．ここで，$X = x-1$，$Y = y+1$ とおけば，

$$\frac{dY}{dx} = \frac{dy}{dx}, \quad \frac{dX}{dx} = 1$$

より，

$$\frac{dY}{dX} = \frac{\dfrac{dY}{dx}}{\dfrac{dX}{dx}} = \frac{dy}{dx}$$

となるので，与方程式は，

$$\frac{dY}{dX} = \frac{X+2Y}{2X+Y} = \frac{1+2\left(\dfrac{Y}{X}\right)}{2+\left(\dfrac{Y}{X}\right)} \quad \cdots\cdots\text{①}$$

と変形できる．

$u = \dfrac{Y}{X}$ とおくと，$\dfrac{dY}{dX} = u + X\dfrac{du}{dX}$ なので，①より

$$u + X\frac{du}{dX} = \frac{1+2u}{2+u}$$

よって

$$X\frac{du}{dX} = \frac{1+2u}{2+u} - u = \frac{-u^2+1}{u+2}$$

$$\therefore \quad -\frac{u+2}{u^2-1}du = \frac{dX}{X}$$

両辺を積分して

$$\int\left(-\frac{u+2}{u^2-1}\right)du = \int\frac{dX}{X} \quad \cdots\cdots\text{②}$$

$\dfrac{A}{u-1} + \dfrac{B}{u+1} = \dfrac{(A+B)u+(A-B)}{(u-1)(u+1)}$ が，$-\dfrac{u+2}{u^2-1}$ に一致するのは，$A+B = -1$ かつ $A-B = -2$，すなわち $A = -\dfrac{3}{2}$ かつ $B = \dfrac{1}{2}$ のときである．したがって

$$\int\left(-\frac{u+2}{u^2-1}\right)du = \frac{1}{2}\int\left(\frac{-3}{u-1} + \frac{1}{u+1}\right)du$$

$$= \frac{1}{2}(\log|u+1| - 3\log|u-1|) + C_1 \quad (C_1 \text{ は任意定数})$$

だから，②より，

$$\frac{1}{2}(\log|u+1| - 3\log|u-1|) + C_1 = \log|X|$$

$$\therefore \quad 2\log|X| = \log e^{2C_1}\left|\frac{u+1}{(u-1)^3}\right|$$

$C = \pm e^{2C_1}$ とおけば

$$X^2 = C\frac{u+1}{(u-1)^3} \quad (C \text{ は任意定数})$$

$u = \dfrac{Y}{X}$ を代入して整理すると

$$(Y-X)^3 = C(X+Y)$$

初期条件 $x=2$, $y=1$ から

$$X = 1, \quad Y = 2$$

よって

$$C = \frac{1}{3}$$

$X = x-1$, $Y = y+1$ より，求める解は

$$3(y-x+2)^3 = x+y \quad \cdots\cdots(\text{答})$$

演習問題 2-3　$\dfrac{dy}{dx} = \dfrac{x+2y-1}{2x+4y+3}$ を解け。

ヒント!　演習問題 2-2 では，分母・分子を2つの直線の交点を用いて変形したが，それらが平行だったら交点は存在しない。その場合，また違ったアプローチを考える。

解答 & 解説

与方程式から $\dfrac{dy}{dx} = \dfrac{x+2y-1}{2(x+2y)+3}$ と変形できるので，$X = x+2y$ とおいて

$$\frac{dy}{dx} = \frac{X-1}{2X+3} \quad \cdots\cdots①$$

講義02 ● 1階微分方程式 I

また，$y=\dfrac{1}{2}(X-x)$ を微分すると

$$\dfrac{dy}{dx}=\dfrac{1}{2}\left(\dfrac{dX}{dx}-1\right)$$

この式に①を代入して整理すると

$$\dfrac{dX}{dx}=2\cdot\dfrac{X-1}{2X+3}+1=\dfrac{4X+1}{2X+3}$$

これは変数分離形の微分方程式で，$dx=\dfrac{2X+3}{4X+1}dX$ と変形できるから，両辺を積分して

$$x=\int\dfrac{2X+3}{4X+1}dX=\int\left(\dfrac{1}{2}+\dfrac{5}{2}\cdot\dfrac{1}{4X+1}\right)dX$$

$$=\dfrac{1}{2}X+\dfrac{5}{2}\cdot\dfrac{1}{4}\log|4X+1|+C_1 \quad (C_1 は任意定数)$$

よって

$$x=\dfrac{1}{2}(x+2y)+\dfrac{5}{8}\log|4x+8y+1|+C_1$$

ゆえに，求める一般解は

$$-4x+8y+5\log|4x+8y+1|+C=0 \quad (C は任意定数)$$

……(答)

●原子核崩壊の数学モデル

　物質は分子から成り，分子は原子からできている。原子の核はさらに小さな陽子と中性子の集合体で，主に陽子の個数によってその特性が決まっていく（例えば，陽子が8個あるのが酸素原子の核である）。

　ところが，世の中には原子核を形作る陽子と中性子のバランスが悪いために，核が「欠けて」よりバランスのよい安定した原子核になろうとするものが存在する。これが放射性元素だ。

　例えば，ラジウム226という物質の原子核は88個の陽子と138個の中性子でできており，ここから陽子2個と中性子2個のセットであるヘリウム原子をちぎり捨てて陽子86個，中性子136個のラドン222の原子核になり変わってしまう（このとき放出されるヘリウム原子が放射線

——いわゆる α 線となり，ヒトの生殖細胞の遺伝子などにぶつかって壊したりするのだ）。

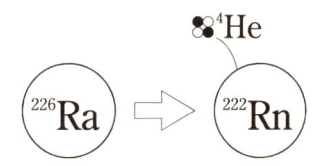

$$^{226}\text{Ra} \Rightarrow {}^{222}\text{Rn} + {}^{4}\text{He}$$

しかし，おびただしい数の原子核がいっぺんにヘリウム原子核（α 線）を吐き出すことはない。どの原子が変質（＝崩壊）するかは一定の確率によって起こると考えられる（そうでなければ，この世から一瞬でラジウム 226 は消滅してしまう）。

つまり，ラジウムはじわじわとラドン 222 と化していくのだ。

1 秒間にラジウム原子核 1 個が崩壊する確率を一定値 p としよう。つまり，dt 秒間ではその確率が $p\,dt$ と考えられる。

すると，時刻 t におけるラジウムの総質量 m に対しごく微小な時間差 dt 秒間での質量の変化 dm は次のようにモデル化されるだろう。

$$dm = -m \cdot p\,dt \quad （質量は減少するから dm<0）$$

すなわち

$$\frac{dm}{m} = -p\,dt$$

これは立派な**変数分離形の微分方程式**である。この両辺を細分値だと考えて，総和をとったものが積分だと考えれば，両辺の「総和をとる」という意味で $\int$ をつけることも納得でき，

$$\int \frac{dm}{m} = -\int p\,dt$$

という変形にも意味が見えてくる。積分の計算の結果，$\log|m|=-pt+C_1$ となり，$C=\pm e^{C_1}$ とおくと，

$$m = \pm e^{C_1} e^{-pt} = Ce^{-pt} \quad （C は任意定数）$$

となる。

さて，実験開始時を $t=0$ だとすれば，はじめの質量を m_0 として，

$$m_0 = Ce^0 = C$$

となるから(これが初期条件),結局,

$$m = m_0 e^{-pt} \quad \cdots\cdots ①$$

と表され,**放射性元素は指数関数によってその崩壊をモデル化できる**ことがわかる。

ところで,放射性元素には**半減期**という指標がある。これは,その放射性元素が崩壊して,もとの量の半分が異なる物質になり変わるのに要する時間を指すが,ここで挙げているラジウム 226 の半分がラドン 222 へなり変わるのにはなんと 1600 年かかる(!)とされている。

つまり,$t = 1600 \times 365 \times 24 \times 60 \times 60$(秒)のとき,$m = \dfrac{1}{2}m_0$ となるわけだから,確率 p(崩壊定数と呼ぶ)も①から計算できる。

グラフをイメージすれば,いつまで経ってもラジウムはなくならないことがわかるだろう。さらにいえば,ラジウムが変質してできるラドンも放射性元素だし,ラドンが崩壊してできるポロニウムという元素も放射性物質だ。いずれノーマルな鉛となるのだが,そのあいだ延々と放射線を発し続けることがわかる。放射性物質の怖さが少しはわかってもらえただろうか。

● 指数関数 $y = e^{-x}$ $(x \geq 0)$ のグラフ

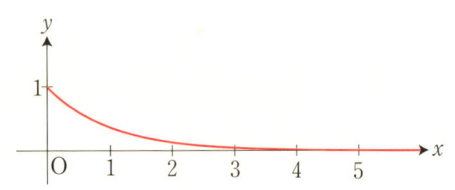

●炭素同位体法

同じ放射性元素でも,普通の炭素(炭素 12)に比べて原子核に含まれる中性子数が多い炭素 14(同位体と呼ばれる)という元素は,やはりその不安定さから核が崩壊を起こしてしまう。また,同位体炭素 14 は,大気中の二酸化炭素に含まれる炭素原子にごく微量ながら一定の割合を占めており,それを取り込んで生長する植物中の炭素原子もまた同じ割

合でこの炭素 14 を含んでいる．

　植物が新陳代謝を止めたとき，炭素 14 はそれ以上増えることがなく，じわじわと崩壊して普通の炭素 12 になり変わっていく．例えば，木炭で描かれたはるか昔の壁画があるとしよう．前述のラジウムのように**崩壊現象を指数関数でモデル化する**ことで，その「木炭に含まれる炭素 14 の現在の含有割合」と「もともと大気中に含まれている炭素 14 の含有割合」とを比較すれば，その枝が切り取られたときから現在までに経過した時間を算出することができる．この場合，昔も今も，大気中の炭素 14 の濃度は一定の割合を保っていると仮定している．

　よく耳にする，発掘された考古学的遺跡の年代測定に用いられるのが，この炭素同位体法だ．

　もっとも，1950 年代以降の生成物に対して，この手法を用いることはできなくなってしまった．というより，より鮮明に 1950 年代以前と以後の区別ができるようになり，美術品などの真贋(しんがん)の判断が容易になった．

　なぜか？　それは各国で行われたおびただしい数の核実験によって，大気中の炭素 14 の濃度が著しく増えてしまったからだ！

　参考　マーティン・ブラウン(一樂重雄・河原正治・河原雅子・一樂祥子訳)『微分方程式―その数学と応用―(上・下)』(シュプリンガー・フェアラーク東京，2001 年)

LECTURE 03 1階微分方程式2

● 1階線形微分方程式

$$y' + py = q \quad \cdots\cdots ①$$

①のような y, y' の1次式で与えられる微分方程式を**1階線形微分方程式**と呼ぶ。なぜ線形と呼ぶかはあとで解説するとして、ここではその解法についてまとめておこう。

1階線形微分方程式には2通りあり、①で、$q=0$ のときを**同次**、$q \neq 0$ のときを**非同次**と呼ぶ。もしくは**斉次**(Homogenious)、**非斉次**(Non-Homogenious)と呼ぶ。この同次と非同次の関係はとても重要だから、しっかり意識しておいてもらいたい。また、重要なポイントを3つ挙げておこう。

ポイント

❶ 同次は非同次の特別な形で簡単に解ける。
❷ 非同次は同次をもとにして解かれる。
❸ 積分因子を利用する方法もある。

さらに、ここで気をつけたいのは、p や q は定数でなくてもよいということだ。すなわち、p や q が x の関数であり、$p(x)$ や $q(x)$ という形であってもかまわないということである。つまり、①をもっときちんと表すと、

$$y' + p(x)y = q(x) \quad \cdots\cdots ②$$

となる。

● 1階線形同次微分方程式

線形同次から解説しよう。②で $q(x) \equiv 0$(恒等的に 0)の場合である。

> **1 階 線 形 同 次 微 分 方 程 式**
> $$y' + p(x)y = 0$$

これを解くのは簡単だ。なぜなら，変数分離形の式だからだ。実際，$y' = \dfrac{dy}{dx}$ と置き換えれば，

$$\frac{dy}{dx} = -p(x)y$$

と変形できるから，y が恒等的に 0 でないとき，両辺に dx をかけて y で割れば，

$$\frac{dy}{y} = -p(x)dx$$

となる。ここで両辺を積分すれば $\log|y| = -\int p(x)dx$ となる。$P(x)$ を $p(x)$ の原始関数で定数項が 0，すなわち $\int p(x)dx = P(x) + C_1$ とすれば，

$$\log|y| = -P(x) - C_1$$
$$\Longleftrightarrow |y| = e^{-P(x)-C_1} = e^{-C_1}e^{-P(x)}$$
$$\Longleftrightarrow y = \pm e^{-C_1}e^{-P(x)}$$

と表せる。ここで $C = \pm e^{-C_1}$ と置き換えれば，解

$$y = Ce^{-P(x)}$$

を得る。

もちろんこの式で $C=0$ とおけば $y=0$ を表せ，それもまたもとの方程式の解となっている。

このあたりの解き方は変数分離形のところで練習したね。もちろん，$\int p(x)dx$ の計算ができるならばやっておくべきだが，初等関数で原始関数が表せない(計算ができない)ときはそのままでも仕方ない。というわけで，

1階線形同次微分方程式の解

$y' + p(x)y = 0$ の解は，$P'(x) = p(x)$ のもとで
$$y = Ce^{-P(x)} \quad (C は任意定数)$$

であることがわかった。

例題 3-1 $y' + (2x-1)y = 0$ を解け。

解答 & 解説

$y' = \dfrac{dy}{dx}$ と表すことにすれば，変数分離形の解き方から，
$\dfrac{dy}{dx} = -(2x-1)y$ より

$$\frac{dy}{y} = -(2x-1)dx$$

よって
$$\int \frac{dy}{y} = -\int (2x-1)dx$$

ゆえに
$$\log|y| = -x^2 + x + C_1$$

また，$y = 0$ も解となるので $C = \pm e^{C_1}$ とおいて
$$y = Ce^{-x^2+x} \quad (C は任意定数) \quad \cdots\cdots (答)$$

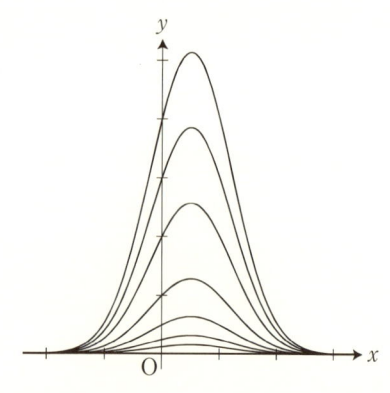

● 1階線形非同次微分方程式

それでは，$y' + p(x)y = q(x)$ のとき，$q(x)$ が恒等的には 0 でない場合を考えよう。ただし，$q(x)$ は連続であるとする。

> **1階線形非同次微分方程式**
> $$y' + p(x)y = q(x)$$

この場合の解き方はいろいろあるが，ここでは 3 通りの解法を紹介しよう。

● 特殊解を利用する方法

もし $y' + p(x)y = q(x)$ の**特殊解として $y = \alpha(x)$ が見つかっていたとすると，実はこの方程式は簡単に解けてしまう。**

いま特殊解として $y = \alpha(x)$ が見つかっていると仮定する。すなわち，$y' + p(x)y = q(x)$ に対して，$\alpha'(x) + p(x)\alpha(x) = q(x)$ が成り立っているとするのだ。そうするとおもしろいことがわかる。というのも，もとの式からこの式を引いてみると，

$$\begin{array}{r} y' + p(x)y = q(x) \\ -)\ \alpha'(x) + p(x)\alpha(x) = q(x) \\ \hline \{y - \alpha(x)\}' + p(x)\{y - \alpha(x)\} = 0 \end{array}$$

となり，$Y = y - \alpha(x)$ とおけば，なんと Y は同次な線形微分方程式

$$Y' + p(x)Y = 0$$

の解になっていることがわかるのだ！

よって，これを解くと，一般解として，

$$Y = Ce^{-P(x)} \quad (\text{ただし，} P'(x) = p(x) \text{かつ } C \text{ は任意定数})$$

が求まり，最終的に $y' + p(x)y = q(x)$ の解 y として，

$$y = Y + \alpha(x) = Ce^{-P(x)} + \alpha(x)$$

が求まることになる。つまり，

非同次な方程式 $y'+p(x)y=q(x)$ の解 y をその**特殊解 $\alpha(x)$ だけズラせば**，同次な方程式
$$\{y-\alpha(x)\}'+p(x)\{y-\alpha(x)\}=0$$
を作ることができる。

また，一般解を求めると次のようになる。

　方程式 $y'+p(x)y=q(x)$ については，特殊解 $y=\alpha(x)$ が1つでも見つかっていれば，それをもとにして，一般解は，
$$y=Ce^{-P(x)}+\alpha(x) \quad (\text{ただし，} P'(x)=p(x) \text{かつ} C \text{は任意定数})$$
と求まる。

例題 3-2　$y'-(2x+1)y=2xe^x$ を解け。

解答 & 解説

与方程式の右辺には e^x があぶれているので特殊解も e^x がらみであることが予想され，試しにいろいろ代入してみると，$y=-e^x$ が特殊解であることがわかる。そこで，

$$\begin{array}{r} y' - (2x+1)y = 2xe^x \\ -)\ (-e^x)' - (2x+1)(-e^x) = 2xe^x \\ \hline (y+e^x)' - (2x+1)(y+e^x) = 0 \end{array}$$

とすると，結果として，$Y=y+e^x$ として同次形微分方程式
$$Y'-(2x+1)Y=0$$
が成り立つことがわかる。これを解いて
$$Y=Ce^{x^2+x} \quad (C \text{は任意定数})$$
となるから，求める解は
$$y=Ce^{x^2+x}-e^x \quad \cdots\cdots(答)$$

注　まず特殊解を探さなくてはならないが，これはかなり難しい。与方程式の右辺に e^x があるので，$(ue^x)'=u'e^x+ue^x=(u'+u)e^x$ などから，経験的に e^x を

含む式が特殊解の候補だ。こういうときは簡単な例を適当に代入して地道に探していけばよい。そこで，$y=e^x$ とか $y=-e^x$ を試しに代入してみることが大事になってくるのである。ここで労力を惜しんではいけない。

さて，いまの話はあくまで「1つでも特殊解が求まれば」という話だったわけだが，特殊解がそう簡単に求まらないときにはどうしたらよいのだろうか。2通りの解法を紹介しておこう。

●定数変化法

同次形である $y'+p(x)y=0$ ならば，$P'(x)=p(x)$ として
$$y = Ae^{-P(x)} \quad (A\text{ は任意定数})$$
と解くことができる。そこで，$y'+p(x)y=0$ も $y'+p(x)y=q(x)$ も形は似ているから，もし，この A が定数でなければ，$y'+p(x)y=q(x)$ の解になっているのではないだろうかと考える。

そんなうまい話があるものかと思うところだが，これがうまくいくのである。やってみよう。

先ほどの解の $Ae^{-P(x)}$ において A が定数ではなく，x の関数であるとして，$A(x)$ とおいてみよう。つまり，

> $y'+p(x)y=q(x)$ が $y=A(x)e^{-P(x)}$ の形の解をもつ

と仮定するのだ。$A(x)e^{-P(x)}$ を微分してみると，
$$\{A(x)e^{-P(x)}\}' = A'(x)e^{-P(x)} - p(x)\{A(x)e^{-P(x)}\}$$
であるから，これを $y'+p(x)y=q(x)$ へ代入すれば，
$$\begin{aligned} y'+p(x)y &= \{A(x)e^{-P(x)}\}' + p(x)A(x)e^{-P(x)} \\ &= A'(x)e^{-P(x)} - p(x)\{A(x)e^{-P(x)}\} + p(x)A(x)e^{-P(x)} \\ &= A'(x)e^{-P(x)} = q(x)\end{aligned}$$
となる。よって，
$$A'(x) = \frac{q(x)}{e^{-P(x)}} = e^{P(x)}q(x)$$
となるように $A(x)$ を定めれば，すべてうまくいくことになる。

つまり，この式の両辺を積分して，

$$A(x) = \int e^{P(x)} q(x) \, \mathrm{d}x + C \quad (C \text{ は任意定数})$$

とすればよい。よって，$y' + p(x)y = q(x)$ の解として

$$\boldsymbol{y = e^{-P(x)} \left\{ \int e^{P(x)} q(x) \, \mathrm{d}x + C \right\}} \quad (C \text{ は任意定数}) \cdots\cdots ①$$

を求めることができた。

 注 とはいえ，これですべての解を網羅できているのか，すなわち①は一般解になっているのかという疑問が残るが，実は問題なく一般解といえる。

 つまり，①の $\int e^{P(x)} q(x) \, \mathrm{d}x + C$ を，

$$\int e^{P(x)} q(x) \, \mathrm{d}x + C = G(x) + C_1$$

と表せば，解①は

$$\begin{aligned} y &= e^{-P(x)} \left\{ \int e^{P(x)} q(x) \, \mathrm{d}x + C \right\} \\ &= e^{-P(x)} \{ G(x) + C_1 \} \\ &= C_1 e^{-P(x)} + G(x) e^{-P(x)} \end{aligned}$$

となる。ここで $C_1 = 0$ ももちろん解であるから，それを1つの特殊解 $a(x)$ として，

$$a(x) = G(x) e^{-P(x)}$$

と表すことにすれば，

$$y = C' e^{-P(x)} + a(x) \quad (C' \text{ は任意定数})$$

と表すことができる。これは 75 ページで述べた「特殊解 $a(x)$ から作られる一般解」の形になっている。

■ 定数変化法による $y' + p(x)y = q(x)$ の解き方

❶ まず $P'(x) = p(x)$ となる $P(x)$ を求め，$y' + p(x)y = 0$ を解いて $\boldsymbol{y = Ae^{-P(x)}}$ を得る。

❷ つぎに $A = A(x)$ に置き換え，$A(x) e^{-P(x)}$ としたものを $y' + p(x)y = q(x)$ へ代入し，計算により $A(x) = \int e^{P(x)} q(x) \, \mathrm{d}x + C$ を得る。

❸ 以上の結果から，一般解
$$\boldsymbol{y = e^{-P(x)} \left\{ \int e^{P(x)} q(x) \, \mathrm{d}x + C \right\}} \quad (C \text{ は任意定数})$$
を得る。

例題 3-2' $y'-(2x+1)y=2xe^x$ を解け。

解答＆解説

76ページの例題 3-2 を定数変化法で解いてみよう。

まず，$y'-(2x+1)y=0$ を解けば，例題 3-2 と同様に $y=Ae^{x^2+x}$ となる。

$y=A(x)e^{x^2+x}$ と置き換えて与方程式へ代入すれば，$y'=\{(2x+1)A(x)+A'(x)\}e^{x^2+x}$ から

$$\{(2x+1)A(x)+A'(x)\}e^{x^2+x}-(2x+1)A(x)e^{x^2+x}=2xe^x$$
$$\Longleftrightarrow A'(x)e^{x^2+x}=2xe^x$$
$$\Longleftrightarrow A'(x)=2xe^{-x^2}$$

ここで両辺を積分すれば $A(x)$ が求まる。なお，右辺の積分では $u=x^2$ と置換するとよい。

$$A(x)=\int 2xe^{-x^2}\,dx=\int e^{-u}\,du$$
$$=-e^{-u}+C=-e^{-x^2}+C$$

よって，求める一般解は

$$y=A(x)e^{x^2+x}=(-e^{-x^2}+C)e^{x^2+x}$$
$$=Ce^{x^2+x}-e^x \quad (C \text{ は任意定数}) \quad \cdots\cdots(\text{答})$$

●積分因子法

それでは，3つめの積分因子による解法について解説しよう。

方程式 $y'+p(x)y=q(x)$ の左辺に関数 $u(x)$ をかけると，

$$u(x)y'+u(x)p(x)y$$

となるが，これは積の微分法の公式

$$\{u(x)y\}'=u(x)y'+u'(x)y$$

の右辺に似ていないだろうか。すなわち，$u(x)p(x)=u'(x)$ となるような $u(x)$ を作ってやれば，与方程式の両辺にこれをかけて，

$$u(x)\{y' + p(x)y\} = u(x)q(x)$$
$$\Longleftrightarrow u(x)y' + u(x)p(x)y = u(x)q(x)$$
$$\Longleftrightarrow u(x)y' + u'(x)y = u(x)q(x)$$
$$\Longleftrightarrow \{u(x)y\}' = u(x)q(x)$$

と書き換えられる。ここから y を求めるには両辺を x で積分して,

$$u(x)y = \int u(x)q(x)\,\mathrm{d}x + C$$

と変形し,

$$y = \frac{\int u(x)q(x)\,\mathrm{d}x + C}{u(x)}$$

と解くことができる。

このような $u(x)$ として,例えば,

$$P(x) = \int p(x)\,\mathrm{d}x \quad (P'(x) = p(x))$$

となるような $P(x)$ をとり,

$$u(x) = e^{P(x)}$$

とおけば,確かに $u'(x) = \{e^{P(x)}\}' = u(x)P'(x) = u(x)p(x)$ を満たす。

以上から,はじめの $y' + p(x)y = q(x)$ の解は,

$$y = \frac{\int u(x)q(x)\,\mathrm{d}x + C}{u(x)}$$

$$= \frac{\int e^{P(x)}q(x)\,\mathrm{d}x + C}{e^{P(x)}}$$

$$= e^{-P(x)}\left\{\int e^{P(x)}q(x)\,\mathrm{d}x + C\right\} \quad (C \text{ は任意定数})$$

と求まることになる。

このような $u(x)$ のことを**積分因子**と呼ぶ。

■ 積分因子による $y'+p(x)y=q(x)$ の解き方

❶ まず $P'(x)=p(x)$ となる $P(x)$ を求め，$u(x)=e^{P(x)}$ とおく。

❷ $\{u(x)y\}'=u(x)y'+u'(x)y$ を計算すれば右辺は，
$$\{u(x)y\}' = u(x)y'+u(x)p(x)y = u(x)\{y'+p(x)y\}$$
と変形できる。

❸ $y'+p(x)y=q(x)$ だったから，上の式は，
$$\{u(x)y\}' = u(x)\{y'+p(x)y\} = u(x)q(x)$$
と書き換えることができ，両辺を積分すれば
$$u(x)y = \int u(x)q(x)\,dx + C$$

❹ 以上の結果から，一般解
$$y = \frac{\int u(x)q(x)\,dx + C}{u(x)}$$
$$= e^{-P(x)}\left\{\int e^{P(x)}q(x)\,dx + C\right\} \quad (C \text{ は任意定数})$$
を得る。

例題 3-2″

$y'-(2x+1)y=2xe^x$ を解け。

解答 & 解説

76 ページの例題 3-2 を今度は積分因子による方法で解いてみよう。

$\{-(x^2+x)\}'=-(2x+1)$ なので，積分因子として，$u=e^{-(x^2+x)}$ をとると，積の微分法から，
$$\{e^{-(x^2+x)}y\}' = e^{-(x^2+x)}y' - (2x+1)e^{-(x^2+x)}y$$
$$= e^{-(x^2+x)}\{y'-(2x+1)y\}$$
となり，
$$y'-(2x+1)y = 2xe^x$$
から

$$\{e^{-(x^2+x)}y\}' = e^{-(x^2+x)} \cdot 2xe^x = 2xe^{-x^2}$$

となるので，

$$e^{-(x^2+x)}y = \int 2xe^{-x^2}\,dx = -e^{-x^2} + C$$

よって，求める一般解は

$$y = e^{x^2+x}(-e^{-x^2} + C)$$
$$= Ce^{x^2+x} - e^x \quad (C \text{ は任意定数}) \quad \cdots\cdots \text{(答)}$$

以上の解法から，次を公式としてもよいだろう。

１階線形非同次微分方程式の解

方程式 $y' + p(x)y = q(x)$ の解は，$P'(x) = p(x)$ のもとで，

$$y = e^{-P(x)}\left\{\int e^{P(x)}q(x)\,dx + C\right\} \quad (C \text{ は任意定数})$$

● $y' + py = q(x)$ 型微分方程式

$$y' + py = q(x) \quad (p \text{ は定数})$$

となる微分方程式を考えてみよう。

e^{px} を微分すると $(e^{px})' = pe^{px}$ が p の積になっていることを利用すると，

$$(e^{px}y)' = e^{px}y' + pe^{px}y$$

が成り立つ。よって，

$y' + py = q(x)$ 型の微分方程式には積分因子 e^{px} が効果的

である。では，練習してみよう。

例題 3-3 次の微分方程式を与えられた初期条件のもとで解け。

(1) $y' - 2y = e^{2x} - 1$ （初期条件 $x=0,\ y=1$）

(2) $y' + 2y = 2\sin x + \cos x$ （初期条件 $x=0,\ y=1$）

(3) $y' + 3y = \dfrac{1}{e^{3x} + e^{2x}}$ （初期条件 $x=0,\ y=1$）

解答&解説

(1) $(e^{-2x}y)' = e^{-2x}y' - 2e^{-2x}y = e^{-2x}(y'-2y)$

$y' - 2y = e^{2x} - 1$ から

$$(e^{-2x}y)' = e^{-2x}(e^{2x}-1) = 1 - e^{-2x}$$

両辺を積分して，

$$e^{-2x}y = x + \frac{1}{2}e^{-2x} + C$$

よって

$$y = (x+C)e^{2x} + \frac{1}{2} \quad (C \text{ は任意定数})$$

初期条件 $x=0$，$y=1$ を代入して

$$C = \frac{1}{2}$$

よって，求める解は

$$y = \left(x + \frac{1}{2}\right)e^{2x} + \frac{1}{2} \quad \cdots\cdots (\text{答})$$

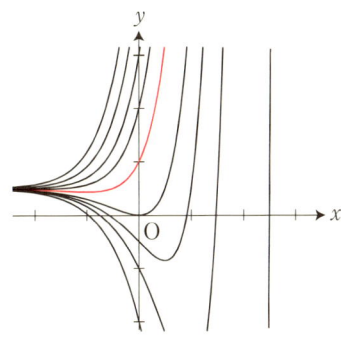

(2) $(e^{2x}y)' = e^{2x}y' + 2e^{2x}y = e^{2x}(y'+2y)$

$y' + 2y = 2\sin x + \cos x$ から

$$(e^{2x}y)' = e^{2x}(2\sin x + \cos x) \quad \cdots\cdots ①$$

ここで，$(e^{2x}\sin x)' = 2e^{2x}\sin x + e^{2x}\cos x = e^{2x}(2\sin x + \cos x)$ であるから，①の右辺を積分すれば

$$\int e^{2x}(2\sin x + \cos x)dx = e^{2x}\sin x + C$$

よって，①の両辺を積分すると，$e^{2x}y = e^{2x}\sin x + C$ となり

$$y = \sin x + Ce^{-2x} \quad (C \text{ は任意定数})$$

初期条件 $x=0$, $y=1$ を代入して
$$C = 1$$

よって，求める解は
$$y = \sin x + e^{-2x} \quad \cdots\cdots (答)$$

(3) $(e^{3x}y)' = e^{3x}y' + 3e^{3x}y = e^{3x}(y' + 3y)$

$y' + 3y = \dfrac{1}{e^{3x} + e^{2x}}$ から

$$(e^{3x}y)' = \frac{e^{3x}}{e^{3x} + e^{2x}} = \frac{e^x}{e^x + 1} \quad \cdots\cdots ①$$

①の右辺を積分すれば

$$\int \frac{e^x}{e^x+1}\,dx = \int \frac{(e^x+1)'}{e^x+1}\,dx$$
$$= \log|e^x+1| + C$$
$$= \log(e^x+1) + C \quad (\because e^x+1 > 0)$$
$$= \log e^C(e^x+1)$$

よって，①の両辺を積分して
$$e^{3x}y = \log e^C(e^x+1) \quad (C \text{ は任意定数})$$

初期条件 $x=0$, $y=1$ を代入して
$$1 = \log 2e^C$$
$$\therefore \quad e^C = \frac{e}{2}$$

よって，求める解は
$$y = e^{-3x} \log \frac{1}{2}e(e^x+1) \quad \cdots\cdots (答)$$

演習問題 3-1　定数変化法と積分因子法で $(1+x^2)y'-xy=\sqrt{1+x^2}$ を解け。

解答 & 解説

解答 1　まず，定数変化法によって解く。

与方程式は

$$y' - \frac{x}{1+x^2}y = \frac{1}{\sqrt{1+x^2}} \quad \cdots\cdots ①$$

と変形でき，方程式

$$y' - \frac{x}{1+x^2}y = 0$$

を解けば，$\dfrac{dy}{dx}=\dfrac{x}{1+x^2}y$ より

$$\frac{dy}{y} = \frac{x}{1+x^2}dx$$

よって

$$\int \frac{dy}{y} = \frac{1}{2}\int \frac{2x}{1+x^2}dx = \frac{1}{2}\int \frac{(1+x^2)'}{1+x^2}dx$$

$$\therefore \quad \log|y| = \frac{1}{2}\log|1+x^2| + C = \log e^C\sqrt{1+x^2}$$

$A = \pm e^C$ とおいて

$$y = A\sqrt{1+x^2}$$

さて，$A=A(x)$ とおいて $y=A(x)\sqrt{1+x^2}$ を①に代入すれば，

$$A'(x)\sqrt{1+x^2} + A(x)\frac{x}{\sqrt{1+x^2}} - \frac{x}{1+x^2}A(x)\sqrt{1+x^2} = \frac{1}{\sqrt{1+x^2}}$$

$$\iff A'(x) = \frac{1}{1+x^2}$$

したがって，$A(x) = \displaystyle\int \frac{dx}{1+x^2} = \tan^{-1}x + C$ とすればよい。

よって，求める一般解は

$$y = (\tan^{-1}x + C)\sqrt{1+x^2} \quad (C\text{ は任意定数}) \quad \cdots\cdots(答)$$

解答 2 積分因子を探す。

$(1+x^2)y' - xy = \sqrt{1+x^2}$ から，$y' - \dfrac{x}{1+x^2}y = \dfrac{1}{\sqrt{1+x^2}}$ と変形でき，

$$-\int \frac{x}{1+x^2}dx = -\frac{1}{2}\int \frac{(1+x^2)'}{1+x^2}dx = -\frac{1}{2}\log(1+x^2)$$

であることから，

$$u(x) = e^{-\int \frac{x}{1+x^2}dx} = e^{\log(1+x^2)^{-\frac{1}{2}}} = (1+x^2)^{-\frac{1}{2}} = \frac{1}{\sqrt{1+x^2}}$$

と積分因子が定められて，与方程式の両辺にかけて変形すれば

$$\frac{y'}{\sqrt{1+x^2}} - \frac{xy}{(1+x^2)\sqrt{1+x^2}} = \frac{1}{1+x^2} \quad \cdots\cdots ②$$

ところで，

$$\{u(x)y\}' = \left\{(1+x^2)^{-\frac{1}{2}}y\right\}'$$
$$= (1+x^2)^{-\frac{1}{2}}y' - x(1+x^2)^{-\frac{3}{2}}y$$
$$= \frac{y'}{\sqrt{1+x^2}} - \frac{xy}{(1+x^2)\sqrt{1+x^2}}$$

であるから，②より

$$\{u(x)y\}' = \frac{1}{1+x^2}$$

$$\therefore \quad u(x)y = \int \frac{dx}{1+x^2} = \tan^{-1}x + C$$

よって，求める一般解は

$$y = (\tan^{-1}x + C)\sqrt{1+x^2} \quad (C は任意定数) \quad \cdots\cdots (答)$$

LECTURE 04 1階微分方程式3

●完全微分方程式

$$f_x(x, y)\mathrm{d}x + f_y(x, y)\mathrm{d}y = 0 \quad \cdots\cdots ①$$

の形の微分方程式を**完全微分方程式**と呼ぶ。

こう説明されてすぐに納得できたら苦労はないわけで，この式だけで理解するのは少し難しい。どのような形で出てくることが多いかというと，①を変形した

$$\frac{\mathrm{d}y}{\mathrm{d}x} = -\frac{f_x(x, y)}{f_y(x, y)} \quad \cdots\cdots ②$$

であったりする。ここで，$f_x(x, y)$，$f_y(x, y)$ は，ある関数 $z = f(x, y)$ の x, y による偏導関数を表す。すなわち，

$$\frac{\partial z}{\partial x} = f_x(x, y), \quad \frac{\partial z}{\partial y} = f_y(x, y)$$

で，例の「y を固定して x だけで微分する」「x を固定して y だけで微分する」というものだ。例を挙げてみよう。

例 $f(x, y) = x \sin y^2$ があり，$f(x, y)$ を x 方向，y 方向にそれぞれ偏微分すれば，

$$f_x(x, y) = 1 \cdot \sin y^2, \quad f_y(x, y) = x \cdot 2y \cos y^2$$

よって，$\dfrac{\mathrm{d}y}{\mathrm{d}x} = -\dfrac{\sin y^2}{2xy \cos y^2}$ という微分方程式は，上式から②の形の式になっているので，完全微分方程式といえる。

それでは，このような形の微分方程式はどんな性質をもつのだろうか。ここで思い出してもらいたいのが 22 ページで説明した全微分だ。

関数 $z = f(x, y)$ の全微分とは，次のようなものである。

$$dz = \frac{\partial f}{\partial x} dx + \frac{\partial f}{\partial y} dy$$

すなわち

$$dz = f_x(x,y)dx + f_y(x,y)dy \quad \cdots\cdots ③$$

23 ページの繰り返しになるけれども，簡単に説明しておくと，

> 全微分とは $z = f(x,y)$ の微小変化を x, y の 1 次関数で近似したもの，つまり接平面を象徴したもの

だね。

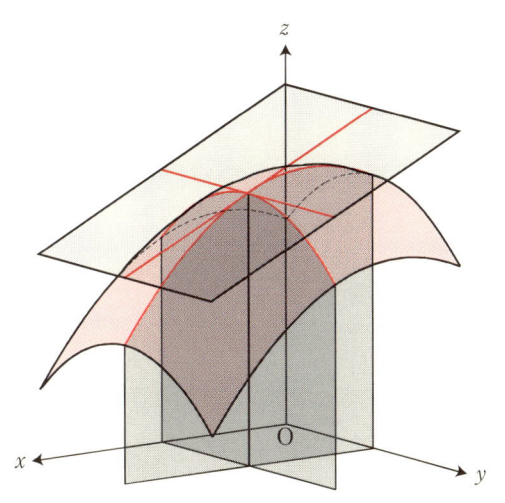

ここで気付いたと思うけれど，冒頭の①の左辺は③の右辺そのものだ。ということは，この方程式①の左辺は「z の全微分」を表していて，結局①の式が表すものは，

「$z = f(x,y)$」の全微分 dz が 0

だとなるわけだ。

これがどのような意味をもつかを考えてみれば，**x 方向，y 方向に微小に dx や dy だけズラしても，それによる z 方向の変化がまったく見込めない**ことになるので，このときの関数 $z = f(x,y)$ はもとから変化のない定数関数だといえる。すなわち，

$$dz = 0 \quad \text{ならば} \quad z = C \quad (定数)$$

であることがわかる。

以上から，次のようにまとめられる。

> $f_x(x,y)\mathrm{d}x+f_y(x,y)\mathrm{d}y=0$ の解は，全微分が $f_x(x,y)\mathrm{d}x+f_y(x,y)\mathrm{d}y$ となる $f(x,y)$ に対して
> $$f(x,y) = C$$

すなわち，①を解くということは，

> 全微分 $\mathrm{d}z=f_x(x,y)\mathrm{d}x+f_y(x,y)\mathrm{d}y$ から $z=f(x,y)$ を復元

して，そこから方程式 $f(x,y)=C$ を作ることだといえよう。

ところで，全微分からもとの関数を復元するには，ちょっとした工夫が必要だ。

変数分離形のときは1変数関数の微分だったから，安易に「アタマに $\int$ をつけたら終わり」だったけれども，今度はそううまくはいかない。

●全微分の逆演算で解を復元

1変数関数の**微分**⇄**積分**の関係はとてもイメージしやすい。そして積分が微分の逆演算となることを端的に表した式として，

$$f(x) = f(a) + \int_a^x f'(s)\mathrm{d}s \quad \cdots\cdots ①$$

がある。これは $f(a)$ を出発して $f(x)$ まで，f の微分 $f'(s)\mathrm{d}s$ を積み重ねた積分 $\int_a^x f'(s)\mathrm{d}s$ を考えている。

これに対して，2変数関数では偏積分というのが考えられる。この偏積分を用いれば，①式の議論を2変数関数 $z=f(x,y)$ に当てはめることが可能となる。すなわち，$f(x)=f(a)+\int_a^x f'(s)\mathrm{d}s$ に対して，

$$f(x) \to f(x,y),\ f(a) \to f(a,y),\ f'(s) \to f_s(s,y) = \frac{\partial}{\partial s}f(s,y)$$

と書き換えれば，①式は

$$f(x,y) = f(a,y) + \int_a^x f_s(s,y)\mathrm{d}s$$

または

$$f(x,y) = f(a,y) + \int_a^x \frac{\partial}{\partial s} f(s,y) \mathrm{d}s$$

と表せるのである。

　これを xyz 空間内の曲面 $z=f(x,y)$ 上で考えてみよう。

　y を定数とみなして固定することは，各 y での y 軸に垂直な平面での断面曲線をとることだ。そこで次の図のように点 $\mathrm{A}(a,y,f(a,y))$ から出発して断面曲線上を点 $\mathrm{B}(x,y,f(x,y))$ まで進むのだと考えてみよう。

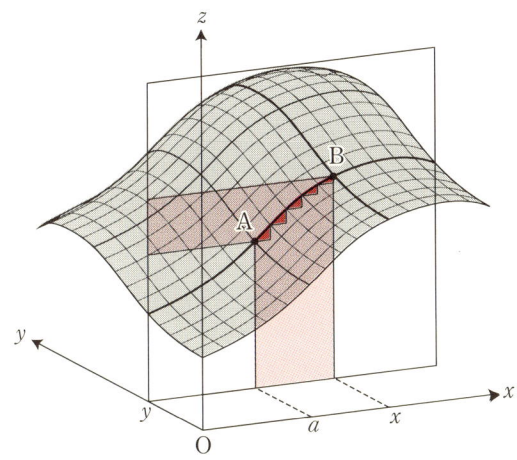

　ここで x 方向への微小変化 $\mathrm{d}x$ による z 方向への変化は，x 方向だけ微分するのが偏微分だったので

$$\frac{\partial z}{\partial x} \mathrm{d}x = f_x(x,y) \mathrm{d}x$$

と表せる。これはちょうど全微分 $\mathrm{d}z = \frac{\partial z}{\partial x}\mathrm{d}x + \frac{\partial z}{\partial y}\mathrm{d}y$ において x 方向だけの変化 $\frac{\partial z}{\partial x}\mathrm{d}x$ を取り出したものだと考えてもよい。

　よって，これを積み重ねると始点と終点の z 座標 $f(a,y)$ と $f(x,y)$ の落差が決まり，先ほどの式

$$f(x,y) = f(a,y) + \int_a^x f_s(s,y) \mathrm{d}s$$

が求まるというわけなのである。

　このことは，y 方向への偏積分においても同様に考えられるから，並

べると，

$$\begin{cases} x \text{方向}: f(x, y) = f(a, y) + \int_a^x f_s(s, y) \mathrm{d}s & \cdots\cdots② \\ y \text{方向}: f(x, y) = f(x, b) + \int_b^y f_t(x, t) \mathrm{d}t & \cdots\cdots③ \end{cases}$$

と表される。

　ここで②に $y=b$ を代入したものを③へさらに代入してみたらどうなるか考えて欲しい！

　②より $f(x, b) = f(a, b) + \int_a^x f_s(s, b) \mathrm{d}s$ なので，③の $f(x, b)$ へ代入すれば，

$$f(x, y) = f(a, b) + \int_a^x f_s(s, b) \mathrm{d}s + \int_b^y f_t(x, t) \mathrm{d}t \quad \cdots\cdots④$$

となる。これこそが，

> 全微分 $\mathrm{d}z = \dfrac{\partial z}{\partial x} \mathrm{d}x + \dfrac{\partial z}{\partial y} \mathrm{d}y$ からの $z = f(x, y)$ の復元

なのだ！

　これをイメージしたものが次の図だ。

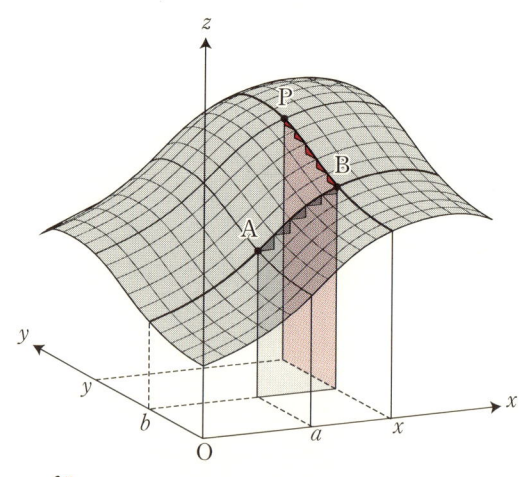

　④で，最初に $\int_a^x f_s(s, b) \mathrm{d}s$ の部分が点 $\mathrm{A}(a, b, f(a, b))$ から出発して x 方向へ点 $\mathrm{B}(x, b, f(x, b))$ まで登る部分で，次に $\int_b^y f_t(x, t) \mathrm{d}t$ の部分が向きを変えて点 B から y 方向へ点 $\mathrm{P}(x, y, f(x, y))$ まで登ることを意

味している。

　この始点 A と終点 P の z 座標 $f(a,b)$ と $f(x,y)$ の落差が全微分を通して計算されたことになるわけだ。

　以上の議論は x と y の順序を入れ替えても同様に成立するので，次の2つの公式を得る。

全微分の逆演算

全微分 $dz = f_x(x,y)dx + f_y(x,y)dy$ に対して
$$\begin{cases} f(x,y) = f(a,b) + \int_a^x f_s(s,b)ds + \int_b^y f_t(x,t)dt \\ f(x,y) = f(a,b) + \int_a^x f_s(s,y)ds + \int_b^y f_t(a,t)dt \end{cases}$$

このようにして，与方程式
$$f_x(x,y)dx + f_y(x,y)dy = 0$$
から $f(x,y) = C_1$ の形を作り出せれば解けたことになり，定数項のズレ分を任意定数 C で吸収してしまうことにすれば，一般解を
$$\int_a^x f_s(s,b)ds + \int_b^y f_t(x,t)dt = C$$
と表すことができる。

　もちろん，式の対称性から x と y を入れ替えた
$$\int_a^x f_s(s,y)ds + \int_b^y f_t(a,t)dt = C$$
も解であることに注意しておこう。

　というわけで，全微分方程式の解の公式が1つできあがった！

完全微分方程式の解の公式

$f_x(x,y)dx + f_y(x,y)dy = 0$ の解は，a, b, C を任意定数として
$$\begin{cases} \int_a^x f_s(s,b)ds + \int_b^y f_t(x,t)dt = C \\ \int_a^x f_s(s,y)ds + \int_b^y f_t(a,t)dt = C \end{cases}$$

例題 4-1 次の完全微分方程式を公式を用いて解け。

(1) $\dfrac{dy}{dx} = -\dfrac{\sin y^2}{2xy \cos y^2}$

(2) $(e^x - 2xy^3)dx + (-3x^2y^2 + 4y^3)dy = 0$

解答 & 解説

(1) $(\sin y^2)dx + (2xy \cos y^2)dy = 0$ と変形し，公式を用いて，

$$\int_a^x f_s(s, y)\,ds + \int_b^y f_t(a, t)\,dt$$

$$= \int_a^x \sin y^2\,ds + \int_b^y 2at \cos t^2\,dt = \sin y^2 \int_a^x ds + a\int_b^y \cos t^2 (t^2)'\,dt$$

$$= (\sin y^2)\Big[s\Big]_a^x + a\Big[\sin t^2\Big]_b^y = (\sin y^2)(x-a) + a(\sin y^2 - \sin b^2)$$

$$= x \sin y^2 - a \sin b^2$$

ここで $a \sin b^2$ は定数だから，公式右辺の任意定数に繰り込めば，求める一般解は

$$x \sin y^2 = C \quad (C \text{ は任意定数}) \quad \cdots\cdots (\text{答})$$

● $C=1$ のときの $x \sin y^2 = C$ のグラフ

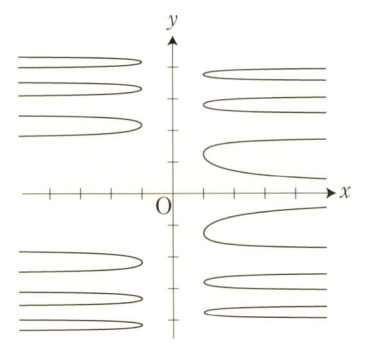

(2) 公式から

$$\int_a^x f_s(s, y)\,ds + \int_b^y f_t(a, t)\,dt$$

$$= \int_a^x (e^s - 2sy^3)\,ds + \int_b^y (-3a^2t^2 + 4t^3)\,dt$$

$$= \Big[e^s - s^2 y^3\Big]_a^x + \Big[-a^2 t^3 + t^4\Big]_b^y$$

$$= e^x - x^2y^3 - e^a + a^2y^3 - a^2y^3 + y^4 + a^2b^3 - b^4$$
$$= e^x - x^2y^3 + y^4 - e^a + a^2b^3 - b^4$$

ここで $-e^a + a^2b^3 - b^4$ は定数だから，公式右辺の任意定数に繰り込めば，求める一般解は

$$e^x - x^2y^3 + y^4 = C \quad (C \text{ は任意定数}) \quad \cdots\cdots \text{（答）}$$

● $e^x - x^2y^3 + y^4 = C$ のグラフ

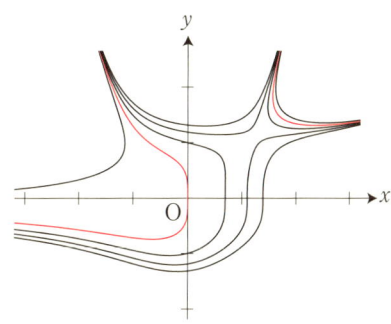

●完全微分方程式の判定条件

さて，めでたく完全微分方程式の解の公式ができあがった。しかし，いきなり，

$$P(x, y)dx + Q(x, y)dy = 0$$

のような微分方程式を解けといわれたときに，ホントにその左辺がある関数の全微分になっているかを即座に見抜くことは難しい。このような形の方程式が完全微分方程式となるには，

$$\begin{cases} P(x, y) = f_x(x, y) \\ Q(x, y) = f_y(x, y) \end{cases} \text{となる } f(x, y) \quad \cdots\cdots ①$$

がなければならない。ところで，

$$\begin{cases} f_x(x, y) \text{ をさらに } y \text{ で偏微分した } f_{xy}(x, y) \\ f_y(x, y) \text{ をさらに } x \text{ で偏微分した } f_{yx}(x, y) \end{cases}$$

がそれぞれ存在して連続ならば，

$$f_{xy}(x, y) = f_{yx}(x, y)$$

であった(30ページ)。だから，①となるような $f(x, y)$ が存在するとす

れば，

$$\begin{cases} P(x,y)をさらに y で偏微分した P_y(x,y) \\ Q(x,y)をさらに x で偏微分した Q_x(x,y) \end{cases}$$

がそれぞれ存在してかつ連続ならば，

$$P_y(x,y) = Q_x(x,y)$$

すなわち

$$\frac{\partial}{\partial y}P(x,y) = \frac{\partial}{\partial x}Q(x,y)$$

となる。実はその逆も成り立ち，次のような定理が利用できる！

完全微分方程式の判定条件

微分方程式
$$P(x,y)\mathrm{d}x + Q(x,y)\mathrm{d}y = 0 \quad \cdots\cdots(*)$$
において，
$$P_y(x,y) = Q_x(x,y)$$
すなわち
$$\frac{\partial}{\partial y}P(x,y) = \frac{\partial}{\partial x}Q(x,y) \quad \cdots\cdots(**)$$
ならば，($*$)は完全微分方程式である。

【証明】

先に示した完全微分方程式の解の公式(93ページ)と同じ考え方でいこう。

$$P_y(x,y) = Q_x(x,y)$$

であるとき，

$$H(x,y) = \int_a^x P(s,y)\mathrm{d}s + \int_b^y Q(a,t)\mathrm{d}t$$

とおいてみる。

このとき，右辺の2つめの積分 $\int_b^y Q(a,t)\mathrm{d}t$ に x が含まれていないことから，これを x で偏微分すれば 0 となって消えてしまうので，

$$\frac{\partial}{\partial x}H(x,y) = \frac{\partial}{\partial x}\int_a^x P(s,y)\mathrm{d}s + \frac{\partial}{\partial x}\int_b^y Q(a,t)\mathrm{d}t$$

$$= \frac{\partial}{\partial x}\int_a^x P(s,y)\mathrm{d}s$$
$$= P(x,y)$$

また，$H(x,y)$ を今度は y で偏微分しよう．ここで，1 つめの積分に対して，次の定理が成り立つ．

$$\frac{\partial}{\partial y}\int_a^x P(s,y)\mathrm{d}s = \int_a^x \frac{\partial}{\partial y}P(s,y)\mathrm{d}s \quad (35\text{ ページ})$$

これを用いれば，

$$\frac{\partial}{\partial y}H(x,y) = \frac{\partial}{\partial y}\int_a^x P(s,y)\mathrm{d}s + \frac{\partial}{\partial y}\int_b^y Q(a,t)\mathrm{d}t$$
$$= \int_a^x \frac{\partial}{\partial y}P(s,y)\mathrm{d}s + Q(a,y)$$

となるので，条件(∗∗)を用いて，

$$\frac{\partial}{\partial y}H(x,y) = \int_a^x \frac{\partial}{\partial y}P(s,y)\mathrm{d}s + Q(a,y)$$
$$= \int_a^x \frac{\partial}{\partial s}Q(s,y)\mathrm{d}s + Q(a,y)$$
$$= Q(x,y) - Q(a,y) + Q(a,y)$$
$$= Q(x,y)$$

以上により，

$$H_x(x,y) = P(x,y), \quad H_y(x,y) = Q(x,y)$$

を満たす関数 $H(x,y)$ が存在し，

$$P(x,y)\mathrm{d}x + Q(x,y)\mathrm{d}y = 0$$

は

$$H(x,y) = C$$

を解とする完全微分方程式であることがわかる．【証明終わり】

この定理によって，$P(x,y)\mathrm{d}x + Q(x,y)\mathrm{d}y = 0$ の形の微分方程式を解く 1 つの指針として次が得られることになる．

$P(x, y)\,\mathrm{d}x + Q(x, y)\,\mathrm{d}y = 0$ 型微分方程式の解法

微分方程式
$$P(x, y)\,\mathrm{d}x + Q(x, y)\,\mathrm{d}y = 0 \quad \cdots\cdots (*)$$
において，
$$P_y(x, y) = Q_x(x, y)$$
すなわち
$$\frac{\partial}{\partial y}P(x, y) = \frac{\partial}{\partial x}Q(x, y)$$
ならば，$(*)$ は完全微分方程式である。

その一般解は a, b, C を任意定数として
$$\int_a^x P(s, y)\,\mathrm{d}s + \int_b^y Q(a, t)\,\mathrm{d}t = C$$

注 本書はとにかくわかりやすい記述を目指したので，定積分を用いた公式を説明した。ただ本によっては次のような不定積分を用いた公式を扱うものもある。

完全微分方程式の解の公式（その2）

$f_x(x, y)\,\mathrm{d}x + f_y(x, y)\,\mathrm{d}y = 0$ の一般解は，C を任意定数として
$$\int f_x(x, y)\,\mathrm{d}x + \int \left\{ f_y(x, y) - \frac{\partial}{\partial y}\int f_x(x, y)\,\mathrm{d}x \right\}\mathrm{d}y = C$$

実習問題 4-1 次の微分方程式が完全微分方程式であることを示して解け。

(1) $y\,\mathrm{d}x + x\,\mathrm{d}y = 0$

(2) $2x\,\mathrm{d}x + 2y\,\mathrm{d}y = 0$

(3) $3x^2 \log(y^2+1)\,\mathrm{d}x + \dfrac{2x^3 y}{y^2+1}\,\mathrm{d}y = 0$

解答 & 解説

(1) $P = y$，$Q = x$ とおけば，$\dfrac{\partial P}{\partial y} = \dfrac{\partial Q}{\partial x} = 1$ なので，
$$P\,\mathrm{d}x + Q\,\mathrm{d}y = 0 \iff y\,\mathrm{d}x + x\,\mathrm{d}y = 0$$
は完全微分方程式である。そこで，

$$H(x,y) = \int_a^x P(s,y)\,ds + \int_b^y Q(a,t)\,dt$$
$$= \int_a^x y\,ds + \int_b^y a\,dt$$
$$= \Bigl[ys\Bigr]_a^x + \Bigl[at\Bigr]_b^y = xy - ay + ay - ab$$
$$= xy - ab$$

ここで定数項 $-ab$ を任意定数に繰り込めば，求める一般解は
$$xy = C \quad (C\text{ は任意定数}) \quad \cdots\cdots(\text{答})$$

● $C=1$ のときは $xy=1$ となる。おなじみの分数関数だ。

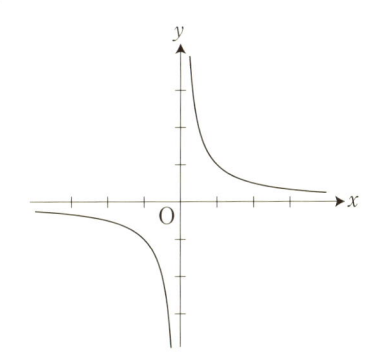

(2)　$P=2x$，$Q=2y$ とおけば，$\dfrac{\partial P}{\partial y} = \dfrac{\partial Q}{\partial x} = 0$ なので，
$$P\,dx + Q\,dy = 0 \iff 2x\,dx + 2y\,dy = 0$$
は完全微分方程式である。
$$\int_a^x P(s,y)\,ds + \int_b^y Q(a,t)\,dt = \int_a^x 2s\,ds + \int_b^y 2t\,dt$$
$$= \Bigl[s^2\Bigr]_a^x + \Bigl[t^2\Bigr]_b^y = x^2 + y^2 - a^2 - b^2$$

定数項 $-a^2 - b^2$ を任意定数に繰り込めば，求める一般解は
$$x^2 + y^2 = C \quad (C\text{ は任意定数}) \quad \cdots\cdots(\text{答})$$

(3)　$P = 3x^2 \log(y^2+1)$，$Q = \dfrac{2x^3 y}{y^2+1}$ とおくと，
$$\frac{\partial P}{\partial y} = \frac{\partial Q}{\partial x} = \boxed{\text{(a)}}$$

よって，

$$P\,dx + Q\,dy = 0 \iff 3x^2 \log(y^2+1)\,dx + \frac{2x^3 y}{y^2+1}\,dy = 0$$

は完全微分方程式である。そこで，

$$H(x,y) = \int_a^x P(s,y)\,ds + \int_b^y Q(a,t)\,dt$$
$$= \int_a^x 3s^2 \log(y^2+1)\,ds + \int_b^y \frac{2a^3 t}{t^2+1}\,dt$$

とおくと，

$$\int_a^x 3s^2 \log(y^2+1)\,ds = 3\log(y^2+1)\int_a^x s^2\,ds = \boxed{\text{(b)}}$$

$$\int_b^y \frac{2a^3 t}{t^2+1}\,dt = a^3 \int_b^y \frac{2t}{t^2+1}\,dt = \boxed{\text{(c)}}$$

なので，

$$H(x,y) = \boxed{\text{(d)}}$$

定数項を任意定数に繰り込めば，求める一般解は

$$\boxed{\text{(e)}} = C \quad (C \text{ は任意定数}) \quad \cdots\cdots(\text{答})$$

....

(a) $\dfrac{6x^2 y}{y^2+1}$ (b) $(x^3 - a^3)\log(y^2+1)$ (c) $a^3\{\log(y^2+1) - \log(b^2+1)\}$

(d) $x^3 \log(y^2+1) - a^3 \log(b^2+1)$ (e) $x^3 \log(y^2+1)$

●積分因子法

$P(x, y)dx + Q(x, y)dy = 0$ の形の微分方程式で，完全微分方程式でないものはどう解けばよいのだろうか。

もちろん，この形の方程式すべてが機械的に解けるわけではないが，なかにはうまく変形して完全微分方程式に持ち込めるものもある。次の例を見てみよう。

> **演習問題 4-1** $y \cos xy^2 \, dx + 2x \cos xy^2 \, dy = 0$ を解け。

ヒント！ 確かに，

$$\frac{\partial}{\partial y}(y \cos xy^2) = \cos xy^2 - 2xy^2 \sin xy^2$$

$$\frac{\partial}{\partial x}(2x \cos xy^2) = 2 \cos xy^2 - 2xy^2 \sin xy^2$$

になって，この2式は等しくないので与方程式は完全微分方程式にはならない。ところが両辺に y をかけると……。

解答 & 解説

与方程式の両辺に y をかければ，

$$y^2 \cos xy^2 \, dx + 2xy \cos xy^2 \, dy = 0 \quad \cdots\cdots ①$$

となって，

$$\frac{\partial}{\partial y}(y^2 \cos xy^2) = \frac{\partial}{\partial x}(2xy \cos xy^2) = 2y \cos xy^2 - 2xy^3 \sin xy^2$$

により，①は完全微分方程式となる。

よって，

$$\int_a^x y^2 \cos sy^2 \, ds + \int_b^y 2at \cos at^2 \, dt = \sin xy^2 - \sin ab^2$$

により，求める一般解は，

$$\sin xy^2 = C \quad (C \text{ は任意定数}) \quad \cdots\cdots (答)$$

以上から，次のことがわかる。

> $P(x,y)\mathrm{d}x + Q(x,y)\mathrm{d}y = 0$ は完全微分方程式ではないが，両辺に $K(x,y)$ をかけた
> $$K(x,y)P(x,y)\mathrm{d}x + K(x,y)Q(x,y)\mathrm{d}y = 0$$
> が完全微分方程式になる場合が(まれに)ある。
> このような $K(x,y)$ を**積分因子**と呼ぶ。

想像のとおり，そのような積分因子を見つけるのは一般には容易ではない。そこでここでは，微分方程式 $P(x,y)\mathrm{d}x + Q(x,y)\mathrm{d}y = 0$ に積分因子があって完全微分方程式へ変形できることを前提に，どんな性質をもつかを調べていくつかの代表的なケースについてまとめることにしよう。もちろん，あくまで必要条件にすぎないかもしれないが，判断材料の1つとして使えるはずだ。

$$K(x,y)P(x,y)\mathrm{d}x + K(x,y)Q(x,y)\mathrm{d}y = 0$$

が完全微分方程式であるとき，96ページの定理により，

$$\frac{\partial}{\partial y}\{K(x,y)P(x,y)\} = \frac{\partial}{\partial x}\{K(x,y)Q(x,y)\}$$

が成り立つ。これをそのまま計算してもあまり簡単にはならないが，代表的な次の4つの $K(x,y)$ のタイプについてそれぞれ代入してみると，それなりに指標となる式を得ることができる。

> ❶ $K(x,y) = x^m$ のタイプ　　❷ $K(x,y) = y^n$ のタイプ
> ❸ $K(x,y) = x^m y^n$ のタイプ　　❹ $K(x,y) = e^{hx}$ のタイプ

この4つのタイプについて，それぞれ調べてみよう。

❶ x^m を積分因子とするタイプ

要は $x^m P(x,y)\mathrm{d}x + x^m Q(x,y)\mathrm{d}y = 0$ が完全微分方程式となるタイプであるから，

$$\frac{\partial}{\partial y}x^m P = \frac{\partial}{\partial x}x^m Q \Longleftrightarrow x^m \frac{\partial P}{\partial y} = mx^{m-1}Q + x^m \frac{\partial Q}{\partial x}$$

ゆえに

$$\frac{\partial P}{\partial y} - \frac{\partial Q}{\partial x} = \frac{mQ}{x} \quad \cdots\cdots ①$$

❷ y^n を積分因子とするタイプ

❶のタイプで x と y を入れ替えただけだから，
$$\frac{\partial}{\partial y}y^n P = \frac{\partial}{\partial x}y^n Q \iff ny^{n-1}P + y^n\frac{\partial P}{\partial y} = y^n\frac{\partial Q}{\partial x}$$

ゆえに
$$\frac{\partial P}{\partial y} - \frac{\partial Q}{\partial x} = -\frac{nP}{y} \quad \cdots\cdots ②$$

❸ $x^m y^n$ を積分因子とするタイプ

$x^m y^n P(x, y)dx + x^m y^n Q(x, y)dy = 0$ が完全微分方程式となるタイプであるから，
$$\frac{\partial}{\partial y}x^m y^n P = \frac{\partial}{\partial x}x^m y^n Q$$
$$\iff x^m \frac{\partial}{\partial y}y^n P = y^n \frac{\partial}{\partial x}x^m Q$$
$$\iff x^m\left(ny^{n-1}P + y^n\frac{\partial P}{\partial y}\right) = y^n\left(mx^{m-1}Q + x^m\frac{\partial Q}{\partial x}\right)$$
$$\iff x^m y^n\left(\frac{nP}{y} + \frac{\partial P}{\partial y}\right) = x^m y^n\left(\frac{mQ}{x} + \frac{\partial Q}{\partial x}\right)$$

ゆえに，両辺を $x^m y^n$ で割って整理すれば
$$\frac{\partial P}{\partial y} - \frac{\partial Q}{\partial x} = -\frac{nP}{y} + \frac{mQ}{x} \quad \cdots\cdots ③$$

❹ e^{kx} を積分因子とするタイプ

$e^{kx}P(x, y)dx + e^{kx}Q(x, y)dy = 0$ が完全微分方程式となるタイプであるから，
$$\frac{\partial}{\partial y}e^{kx}P = \frac{\partial}{\partial x}e^{kx}Q \iff e^{kx}\frac{\partial P}{\partial y} = ke^{kx}Q + e^{kx}\frac{\partial Q}{\partial x}$$

ゆえに，両辺を e^{kx} で割って整理すれば
$$\frac{\partial P}{\partial y} - \frac{\partial Q}{\partial x} = kQ \quad \cdots\cdots ④$$

これらの式を追いかけていくときに気付いたかもしれないが，これら①〜④はそれぞれ逆をたどって完全微分方程式である十分条件
$$\frac{\partial}{\partial y}\{K(x, y)P(x, y)\} = \frac{\partial}{\partial x}\{K(x, y)Q(x, y)\}$$

を示すこともできる。

以上から，いくつかの簡単な積分因子をもつ方程式の形は次のようにまとめられる。

$P(x, y)dx + Q(x, y)dy = 0$ に対し，$\dfrac{\partial P}{\partial y} - \dfrac{\partial Q}{\partial x}$ の形から積分因子 $K = K(x, y)$ を次のように定めると，方程式を解くことができる。

$$\dfrac{\partial P}{\partial y} - \dfrac{\partial Q}{\partial x} = \begin{cases} \dfrac{mQ}{x} & \cdots\cdots K = x^m \\ -\dfrac{nP}{y} & \cdots\cdots K = y^n \\ -\dfrac{nP}{y} + \dfrac{mQ}{x} & \cdots\cdots K = x^m y^n \\ kQ & \cdots\cdots K = e^{kx} \end{cases}$$

これらの実例を1つずつ練習しておこう。

演習問題 4-2 次の方程式を積分因子を用いて解け。
(1) $(x^2 + y^2)dx - 2xy\, dy = 0$
(2) $xy \sin x\, dx + (x \cos x - \sin x)dy = 0$
(3) $y^2 - x^3 y^2 + x^3 \dfrac{dy}{dx} = 0$
(4) $\sin xy + y \cos xy + xy' \cos xy = 0$

解答 & 解説

(1) $P = x^2 + y^2$, $Q = -2xy$ とおく。$\dfrac{\partial P}{\partial y} = 2y$, $\dfrac{\partial Q}{\partial x} = -2y$ により

$$\dfrac{\partial P}{\partial y} - \dfrac{\partial Q}{\partial x} = 4y = -\dfrac{2Q}{x}$$

よって，与方程式は $K = x^{-2} = \dfrac{1}{x^2}$ を積分因子にもつことがわかる。そこで与方程式の両辺に積分因子 K をかけてみると，

$$\left(1 + \dfrac{y^2}{x^2}\right)dx - 2 \cdot \dfrac{y}{x}dy = 0$$

は完全微分方程式である。そこで

$$H(x,y) = \int_a^x \left(1+\frac{y^2}{s^2}\right)ds + \int_b^y \left(-2\cdot\frac{t}{a}\right)dt$$
$$= \left[s-\frac{y^2}{s}\right]_a^x + \left[-\frac{t^2}{a}\right]_b^y = x-\frac{y^2}{x}-a+\frac{b^2}{a}$$

とおくと，
$$\frac{\partial H}{\partial x} = 1+\frac{y^2}{x^2}, \quad \frac{\partial H}{\partial y} = -2\cdot\frac{y}{x}$$

なので，求める一般解は
$$x-\frac{y^2}{x} = C \quad (C \text{ は任意定数}) \quad \cdots\cdots(\text{答})$$

注 与方程式を変形すれば，
$$\frac{dy}{dx} = \frac{x^2+y^2}{2xy} = \frac{1+\left(\frac{y}{x}\right)^2}{2\left(\frac{y}{x}\right)}$$

となり，同次形の微分方程式である。$y=ux$ とおいて解けば，$\dfrac{2u}{1-u^2}du = \dfrac{dx}{x}$ となり，これを解けば同様の解を得る。

(2) $P=xy\sin x$, $Q=x\cos x - \sin x$ とおけば
$$\frac{\partial P}{\partial y} = x\sin x, \quad \frac{\partial Q}{\partial x} = \cos x - x\sin x - \cos x = -x\sin x$$

である。
$$\frac{\partial P}{\partial y} - \frac{\partial Q}{\partial x} = 2x\sin x = \frac{2P}{y}$$

よって，与方程式は $K=y^{-2}$ を積分因子にもつことがわかる。そこで与方程式の両辺に積分因子 K をかけてみると，
$$\frac{x\sin x}{y}dx + \frac{x\cos x - \sin x}{y^2}dy = 0$$

は完全微分方程式である。そこで，
$$H(x,y) = \int_a^x \frac{s\sin s}{y}ds + \int_b^y \frac{a\cos a - \sin a}{t^2}dt$$
$$= \frac{1}{y}\int_a^x s\sin s\,ds + (a\cos a - \sin a)\int_b^y t^{-2}dt$$
$$= \frac{1}{y}\left(\left[-s\cos s\right]_a^x + \int_a^x \cos s\,ds\right) + (a\cos a - \sin a)\left[-t^{-1}\right]_b^y$$

$$= \frac{\sin x - x \cos x}{y} + \frac{a \cos a - \sin a}{b}$$

とおくと，

$$\frac{\partial H}{\partial x} = \frac{x \sin x}{y}, \quad \frac{\partial H}{\partial y} = \frac{x \cos x - \sin x}{y^2}$$

なので，求める一般解は

$$\frac{\sin x - x \cos x}{y} = C \quad (C は任意定数) \quad \cdots\cdots(答)$$

注 実は，$\dfrac{-x \sin x}{x \cos x - \sin x} dx = \dfrac{1}{y} dy$ と変形すれば変数分離形だが，少し難しい。$(x \cos x - \sin x)' = -x \sin x$ に気付けば(気付けば，だが)，

$$\int \frac{(x \cos x - \sin x)'}{x \cos x - \sin x} dx = \int \frac{1}{y} dy$$

となって

$$\log |x \cos x - \sin x| + C = \log |y|$$
$$\therefore \quad y = \pm e^{C}(x \cos x - \sin x) \quad \cdots\cdots(答)$$

(3) 両辺に形式的に dx をかけると

$$(y^2 - x^3 y^2) dx + x^3 dy = 0 \quad \cdots\cdots①$$

$P = y^2 - x^3 y^2 = (1-x^3)y^2,\ Q = x^3$ とおけば，

$$\frac{\partial P}{\partial y} - \frac{\partial Q}{\partial x} = 2(1-x^3)y - 3x^2 = 2 \cdot \frac{P}{y} + (-3) \cdot \frac{Q}{x}$$

よって，$K = x^{-3} y^{-2}$ を積分因子にもつことがわかる。そこで①の両辺に積分因子 K をかけてみると，

$$(x^{-3} - 1) dx + y^{-2} dy = 0 \quad \cdots\cdots②$$

は完全微分方程式である。そこで，

$$H(x, y) = \int_a^x (s^{-3} - 1) ds + \int_b^y t^{-2} dt$$
$$= \left[-\frac{1}{2} s^{-2} - s\right]_a^x + \left[-t^{-1}\right]_b^y = -\frac{1}{2x^2} - x - \frac{1}{y} + \frac{1}{2a^2} + a + \frac{1}{b}$$

とおくと，

$$\frac{\partial H}{\partial x} = x^{-3} - 1, \quad \frac{\partial H}{\partial y} = y^{-2}$$

なので，求める一般解は

$$-\frac{1}{2x^2}-x-\frac{1}{y}=C \iff x+\frac{1}{2x^2}+\frac{1}{y}+C=0 \quad (C \text{ は任意定数})$$

……(答)

注 これも与方程式を次のように変形して変数分離形として解いてもよい。

$$x^3\frac{\mathrm{d}y}{\mathrm{d}x}=(x^3-1)y^2$$

より

$$y^{-2}\mathrm{d}y=(1-x^{-3})\mathrm{d}x$$

よって

$$\int y^{-2}\mathrm{d}y=\int(1-x^{-3})\mathrm{d}x$$

$$\therefore \quad -y^{-1}=x+\frac{1}{2}x^{-2}+C \quad \text{……(答)}$$

(4) $y'=\dfrac{\mathrm{d}y}{\mathrm{d}x}$ と書き換えて,両辺に形式的に $\mathrm{d}x$ をかけると

$$(\sin xy+y\cos xy)\mathrm{d}x+x\cos xy\,\mathrm{d}y=0 \quad \text{……①}$$

$P=\sin xy+y\cos xy$, $Q=x\cos xy$ とおけば

$$\frac{\partial P}{\partial y}=x\cos xy+\cos xy-xy\sin xy, \quad \frac{\partial Q}{\partial x}=\cos xy-xy\sin xy$$

である。

$$\frac{\partial P}{\partial y}-\frac{\partial Q}{\partial x}=x\cos xy=Q$$

よって,与方程式は $K=e^x$ を積分因子にもつことがわかる。そこで①の両辺に積分因子 K をかけてみると,

$$e^x(\sin xy+y\cos xy)\mathrm{d}x+xe^x\cos xy\,\mathrm{d}y=0 \quad \text{……②}$$

は完全微分方程式である。そこで,

$$H(x,y)=\int_a^x e^s(\sin ys+y\cos ys)\mathrm{d}s+\int_b^y ae^a\cos at\,\mathrm{d}t$$

とおくと,

$$\frac{\mathrm{d}}{\mathrm{d}s}(e^s\sin ys)=e^s\sin ys+ye^s\cos ys$$

より,

$$\int_a^x e^s(\sin ys+y\cos ys)\mathrm{d}s=\Big[e^s\sin ys\Big]_a^x=e^x\sin xy-e^a\sin ay$$

$$\int_b^y ae^a \cos at \, dt = ae^a \int_b^y \cos at \, dt = ae^a \left[\frac{1}{a} \sin at\right]_b^y$$
$$= e^a \sin ay - e^a \sin ab$$

なので
$$H(x, y) = e^x \sin xy - e^a \sin ab$$

さて，
$$\frac{\partial H}{\partial x} = e^x(\sin xy + y \cos xy), \quad \frac{\partial H}{\partial y} = xe^x \cos xy$$

なので，求める一般解は
$$e^x \sin xy = C \quad (C \text{ は任意定数}) \quad \cdots\cdots(\text{答})$$

LECTURE 05 1階微分方程式 4

本講では，ここまで出てきた形の方程式ではないが，変形することでいままでの解法が使える方程式を紹介しよう。

● ベルヌーイ型微分方程式

$$y' + P(x)y = Q(x)y^m \quad (m \neq 0, 1)$$

$m=0, 1$ のときは普通に線形微分方程式に帰着できるので，m は 0 でも 1 でもないとする。ここで「y^m がなければ線形微分方程式なのになぁ」と考えて，**両辺を y^m で割ってみよう**。

$$y^{-m}y' + P(x)y^{1-m} = Q(x) \quad \cdots\cdots ①$$

左辺の y^{1-m} と y^{-m} を見比べれば，y の次数が 1 つ落ちている。これは y で y^{1-m} を微分したときにそうなるよね。

$$\frac{d}{dy}y^{1-m} = (1-m)y^{-m}$$

ということは，新たに変数 $Y = y^{1-m}$ を導入し，これを x で微分すると考えると，

$$\frac{dY}{dx} = \frac{d}{dy}\left(y^{1-m}\right)\frac{dy}{dx} = (1-m)y^{-m}y'$$

となるから，①に $y^{1-m} = Y$，$y^{-m}y' = \dfrac{1}{1-m}\cdot\dfrac{dY}{dx}$ を代入すれば，

$$\frac{1}{1-m}\cdot\frac{dY}{dx} + P(x)Y = Q(x)$$

となり，両辺を $1-m$ 倍することで，

$$Y' + (1-m)P(x)Y = (1-m)Q(x), \quad Y = y^{1-m}$$

のように線形微分方程式に帰着することができる。

例題 5-1 $y' + xy = \dfrac{x^3}{y}$ を解け。

解答&解説 方程式の両辺に y をかけて（つまり y^{-1} で割って）

$$yy' + xy^2 = x^3 \quad \cdots\cdots ①$$

ここで $Y = y^{1-(-1)} = y^2$ とおけば，$Y' = 2yy'$ なので，①×2 より

$$Y' + 2xY = 2x^3$$

積分因子として $e^{\int 2x\,dx} = e^{x^2}$ が得られ（79 ページ），両辺にかけると

$$e^{x^2} Y' + 2x e^{x^2} Y = 2x^3 e^{x^2}$$

だから

$$(e^{x^2} Y)' = 2x^3 e^{x^2}$$

$$\therefore \quad e^{x^2} Y = \int 2x^3 e^{x^2}\,dx \quad \cdots\cdots ②$$

右辺の積分は $u = x^2$ と置換し，部分積分を用いると，

$$\int 2x^3 e^{x^2}\,dx = \int x^2 e^{x^2}(2x\,dx) = \int u e^u\,du$$

$$= u e^u - \int e^u\,du = (u-1)e^u + C = (x^2-1)e^{x^2} + C$$

と計算できるので，②より

$$e^{x^2} Y = e^{x^2} y^2 = (x^2-1)e^{x^2} + C$$

$$\therefore \quad y^2 = x^2 - 1 + Ce^{-x^2} \quad (C は任意定数) \quad \cdots\cdots (答)$$

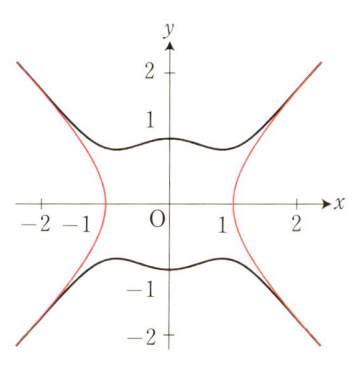

● $y^2 = x^2 - 1 + 2e^{-x^2}$ のグラフ。赤い曲線は $y^2 = x^2 - 1$，すなわち双曲線。

●リッカチ型微分方程式

$$y' = P(x) + Q(x)y + R(x)y^2$$

y' が y の2次式で表される**タイプ**で，一見簡単そうだが，実は一般的な解法はない。それではどうすればよいかというと，まず特殊解を見つけることが鍵なのだ。

仮に特殊解 $a(x)$ が見つかったとしよう。すると，
$$y' = P(x) + Q(x)y + R(x)y^2$$
$$a'(x) = P(x) + Q(x)a(x) + R(x)a(x)^2$$
の双方が成り立つから，辺々を引いて，
$$y' - a'(x) = Q(x)\{y - a(x)\} + R(x)\{y^2 - a(x)^2\}$$
$$= Q(x)\{y - a(x)\} + R(x)\{y - a(x)\}\{y + a(x)\}$$
が成り立つ。ここで，$Y = y - a(x)$ とおけば，
$$Y' = Q(x)Y + R(x)Y\{Y + 2a(x)\}$$
となって ($y + a(x) = Y + 2a(x)$ に注意)，
$$Y' = Q(x)Y + R(x)Y^2 + 2a(x)R(x)Y$$
$$\iff Y' - \{Q(x) + 2a(x)R(x)\}Y = R(x)Y^2$$
と変形できるから，これは**ベルヌーイ型微分方程式の $m=2$ の場合**となる。その解法は先ほど述べたとおりで，両辺を Y^2 で割って
$$Y^{-2}Y' - \{Q(x) + 2a(x)R(x)\}Y^{-1} = R(x)$$
さらに，$u = Y^{-1}$ とおけば，$u' = -Y^{-2}Y'$ であるから，
$$-u' - \{Q(x) + 2a(x)R(x)\}u = R(x)$$
$$\iff u' + \{Q(x) + 2a(x)R(x)\}u = -R(x)$$
となって，u の1階線形微分方程式を得るというわけだ。

さて，問題は特殊解をどう見つけるかである。これが，なかなか難しい。ヒントがあればそれを活用し，なければいろいろな式を実際に代入するなどして試行錯誤を重ねるしかないだろう。

それでは，あらかじめ特殊解がわかっているリッカチ型微分方程式について具体的な問題を解いてみよう。

> **例題 5-2** $y'=x^2-1+2\left(\dfrac{1}{x}-x\right)y+y^2$ の特殊解が $\alpha(x)=x$ であることを利用して，この微分方程式の一般解を求めよ。

解答&解説

微分方程式の右辺に $\alpha(x)=x$ を代入すると，
$$x^2-1+2\left(\dfrac{1}{x}-x\right)x+x^2 = 1$$
であり，かつ $\alpha'(x)=1$ なので，確かに $\alpha(x)=x$ は解の1つである。以下，$\alpha(x)=\alpha$ とする。

$$\begin{cases} y' = x^2-1+2\left(\dfrac{1}{x}-x\right)y+y^2 \\ \alpha' = x^2-1+2\left(\dfrac{1}{x}-x\right)\alpha+\alpha^2 \end{cases}$$

の辺々を引いて，
$$y'-\alpha' = 2\left(\dfrac{1}{x}-x\right)(y-\alpha)+y^2-\alpha^2$$
$$= 2\left(\dfrac{1}{x}-x\right)(y-\alpha)+(y-\alpha)(y+\alpha)$$

$Y=y-\alpha$ とおけば
$$y+\alpha = Y+2\alpha$$

また，$\alpha=x$ だったので，
$$Y' = 2\left(\dfrac{1}{x}-\alpha\right)Y+Y(Y+2\alpha)$$
$$\Leftrightarrow Y'-\dfrac{2}{x}Y = Y^2$$

これはベルヌーイ型方程式の $m=2$ の場合である。そこで両辺を Y^2 で割って
$$Y^{-2}Y'-\dfrac{2}{x}Y^{-1} = 1 \quad\cdots\cdots ①$$

$u=Y^{-1}$ とおけば，$u'=(Y^{-1})'=-Y^{-2}Y'$ だから，①は，
$$-u'-\dfrac{2}{x}u = 1 \Leftrightarrow u'+\dfrac{2}{x}u = -1$$

と変形される。ここで積分因子として両辺に x^2 をかけると，
$$x^2 u' + 2xu = -x^2 \iff (x^2 u)' = -x^2$$
両辺を積分して
$$x^2 u = -\frac{1}{3}x^3 + \frac{C}{3}$$
（最後の答えの形を整えるため $\frac{C}{3}$ とした。）
$$\therefore \quad u = -\frac{1}{3}x + \frac{C}{3}x^{-2}$$
$u = Y^{-1} = (y-\alpha)^{-1} = \dfrac{1}{y-x}$ から
$$y - x = \frac{1}{u} = \frac{1}{-\frac{1}{3}x + \frac{C}{3x^2}} = -\frac{3x^2}{x^3 - C}$$
$$\therefore \quad y = x - \frac{3x^2}{x^3 - C}$$
$$= \frac{x^4 - 3x^2 - Cx}{x^3 - C} \quad (C は任意定数) \quad \cdots\cdots(答)$$

●ラグランジュ型微分方程式

$$\boxed{\; y = xf(y') + g(y') \quad (ただし，f(t) \neq t) \;}$$

y が x の1次式となってはいるが，1次の項の係数と定数項は y' の式で表されるタイプである。ここで y と y' とでは y' の比重が重い，というか，y が y' だったら解けそうな気がするので，試しに y を y' にするために両辺を微分してみると
$$y' = \{xf(y') + g(y')\}'$$
$$= f(y') + xf'(y')y'' + g'(y')y''$$
y'' が出てきてもくろみが違ってきたが，今度は y'' でまとめると次のようになる。
$$\{xf'(y') + g'(y')\}y'' = y' - f(y')$$
どうだろうか。今度は $t = y'$ とおいてみる。

$$\{xf'(t)+g'(t)\}t' = t-f(t)$$

ここで,さらに $t'=\dfrac{\mathrm{d}t}{\mathrm{d}x}$ であり,かつ $\dfrac{1}{\dfrac{\mathrm{d}t}{\mathrm{d}x}}=\dfrac{\mathrm{d}x}{\mathrm{d}t}$ なので,

$$\{xf'(t)+g'(t)\}\dfrac{\mathrm{d}t}{\mathrm{d}x} = t-f(t)$$

$$\Longrightarrow \dfrac{1}{\dfrac{\mathrm{d}t}{\mathrm{d}x}} = \dfrac{xf'(t)+g'(t)}{t-f(t)} = \left\{\dfrac{f'(t)}{t-f(t)}\right\}x + \left\{\dfrac{g'(t)}{t-f(t)}\right\}$$

$$\Longrightarrow \dfrac{\mathrm{d}x}{\mathrm{d}t} = \left\{\dfrac{f'(t)}{t-f(t)}\right\}x + \left\{\dfrac{g'(t)}{t-f(t)}\right\}$$

となり,これは $x'=p(t)x+q(t)$ の形の1階線形微分方程式なので,これは解ける。

演習問題 5-1

次のラグランジュ型微分方程式を解け。
$$y = 2xy' - (y')^2 \quad \cdots\cdots ①$$

解答&解説

まず,両辺を微分し

$$y' = 2y' + 2xy'' - 2y'y''$$
$$\therefore \ 2(y'-x)y'' = y'$$

ここで,$t=y'$ とおけば

$$2(t-x)\dfrac{\mathrm{d}t}{\mathrm{d}x} = t$$

$t \neq 0$ であれば

$$\dfrac{\mathrm{d}x}{\mathrm{d}t} = -\dfrac{2}{t}x + 2 \Longleftrightarrow \dfrac{\mathrm{d}x}{\mathrm{d}t} + \dfrac{2}{t}x = 2$$

これは x を求める t の1階線形微分方程式である。
積分因子として $e^{\int \frac{2}{t}\mathrm{d}t} = e^{2\log|t|} = e^{\log t^2} = t^2$ が得られ,両辺にかけると,

$$t^2 \dfrac{\mathrm{d}x}{\mathrm{d}t} + 2tx = 2t^2 \Longleftrightarrow \dfrac{\mathrm{d}}{\mathrm{d}t}t^2 x = 2t^2$$

講義05 ● 1階微分方程式4

だから
$$t^2 x = \frac{2}{3}t^3 + C$$
$$\therefore \quad x = \frac{2}{3}t + \frac{C}{t^2} \quad \cdots\cdots ②$$

さて，ここで①において，$t=y'$ および②より
$$y = 2xt - t^2$$
$$= 2\left(\frac{2}{3}t + \frac{C}{t^2}\right)t - t^2$$
$$= \frac{1}{3}t^2 + \frac{2C}{t}$$

となる。この式と②とあわせると，
$$\begin{cases} x = \dfrac{2}{3}t + \dfrac{C}{t^2} \\ y = \dfrac{1}{3}t^2 + \dfrac{2C}{t} \end{cases} \quad (C \text{ は任意定数}) \quad \cdots\cdots(答)$$

となって，解の**媒介変数表示**が得られる。また，$t=0$ のときは $y=0$ となり，これも解である。

● $C=1$ のときの解曲線

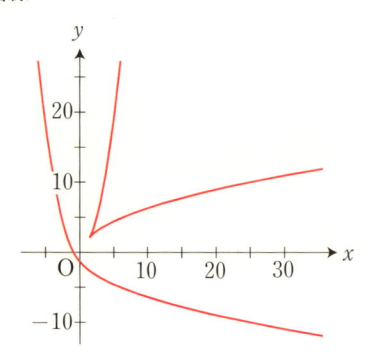

●クレロー型微分方程式

$$y = xy' + g(y')$$

先のラグランジュ型微分方程式では $f(t) \neq t$ という制約があったが，

恒等的に $f(t)=t$ であるときはどうだろうか。

やはり，両辺を微分して
$$y' = y' + xy'' + g'(y')y'' \iff \{x + g'(y')\}y'' = 0$$
このことから，$\boldsymbol{x + g'(y') = 0}$ または $\boldsymbol{y'' = 0}$ となる。

(i) $\boldsymbol{y'' = 0}$ の場合

y' は定数となるから，それを $y' = C$ と表して方程式に代入すれば，
$$y = Cx + g(C)$$
となり，確かに $y' = C$ であるから，これもまた解であることがわかる。

(ii) $\boldsymbol{x + g'(y') = 0}$ の場合

$y' = t$ とおいて考えれば，この x, y は，
$$\begin{cases} x = -g'(t) \\ y = xt + g(t) = g(t) - tg'(t) \end{cases}$$
と媒介変数表示でき，方程式の右辺に代入すると
$$\begin{aligned} xy' + g(y') &= x\{xt + g(t)\}' + g(t) \\ &= x\left\{t + x\frac{dt}{dx} + g'(t)\frac{dt}{dx}\right\} + g(t) \\ &= xt + x\frac{dt}{dx}\{x + g'(t)\} + g(t) \\ &= xt + g(t) = y \quad (\because x + g'(t) = 0) \end{aligned}$$
となり，解であることがわかる。

実習問題 5-1

次のクレロー型微分方程式を解け。
$$y = xy' + (y')^2 \quad \cdots\cdots ①$$

解答 & 解説

両辺を微分して
$$y' = y' + xy'' + 2y'y'' \iff (x + 2y')y'' = 0$$
よって
$$x + 2y' = 0 \quad \text{または} \quad y'' = 0$$
$y'' = 0$ のとき

$$y' = C$$

よって，①より
$$y = Cx + C^2$$

$x+2y'=0$ のとき，$t=y'$ とおけば，
$$\begin{cases} x = -2t \\ y = xt + t^2 \end{cases}$$

となるので，t を消去すれば
$$y = -\frac{1}{4}x^2$$

以上より，求める解は

$y = Cx + C^2$ （C は任意定数）　または　$y = -\frac{1}{4}x^2$ ……(答)

注　受験生のときに，次のような問題を解いた記憶はないだろうか．
問題：c が任意の値をとるとき，直線 $y=cx+c^2$ が通過する領域を求めよ．
解答：$y=cx+c^2 \iff c^2+xc-y=0$ を c の 2 次方程式と考えると，c が実数解をもつ条件は，判別式を D とおき
$$D = x^2 + 4y \geqq 0$$
すなわち
$$y \geqq -\frac{1}{4}x^2 \quad \text{……(答)}$$

気付いたかもしれないが，①の解はこの直線とその通過領域の境界線である．
このような通過領域の境界線を**包絡線**と呼ぶことがある．

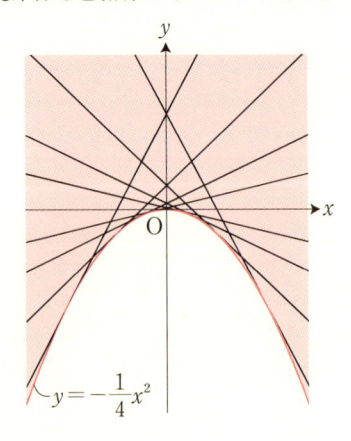

単位が取れる
微分方程式ノート

第3部

2階以上の微分方程式

Take it easy!

講義 LECTURE 06 2階線形同次微分方程式 ─理論編─

● 2階線形微分方程式

2階線形微分方程式とは，

$$y'' + py' + qy = r \quad \cdots\cdots ①$$

のように，y, y', y'' の1次式からなる微分方程式をいう。p, q, r が定数ではなく x の関数で $p(x), q(x), r(x)$ となっている場合もある（ここでは連続関数としておく）。

すなわち，2階線形微分方程式の一般形は次のような式になる。

$$y'' + p(x)y' + q(x)y = r(x)$$

①のように，各係数 p, q, r が定数の場合は**定数係数2階線形微分方程式**と呼び，各係数 $p(x), q(x), r(x)$ が連続関数のときは**変数係数2階線形微分方程式**と呼ぶ。

1階線形微分方程式のときと同様に，2階線形微分方程式にも同次と非同次の2通りがあり，①で $r=0$ のときを同次，$r \neq 0$ のときを非同次と呼ぶ。

以下は見やすくするために，p, q, r が定数もしくは x の連続関数のどちらであっても，共通して P, Q, R と表すことにする。

$$y'' + Py' + Qy = 0 \quad \text{（同次）}$$
$$y'' + Py' + Qy = R \quad \text{（非同次）}$$
$$(P, Q, R(\neq 0) \text{は定数または} x \text{の連続関数)}$$

例1 $y''-y'-2y=0$ は同次形の定数係数 2 階線形微分方程式だ。この特殊解として，$y=e^{2x}$ および $y=e^{-x}$ が得られる。実際に代入すると，

$$(e^{2x})''-(e^{2x})'-2e^{2x} = (2e^{2x})'-2e^{2x}-2e^{2x} = 4e^{2x}-4e^{2x} = 0$$

$$(e^{-x})''-(e^{-x})'-2e^{-x} = (-e^{-x})'+e^{-x}-2e^{-x} = e^{-x}-e^{-x} = 0$$

となって，確かに成り立つことがわかる。

例2 $y''-y'-2y=2$ は非同次形の定数係数 2 階線形微分方程式だ。この特殊解として，$y=-1$ と $y=e^{2x}-1$ と $y=e^{-x}-1$ が得られる。

例1のように計算して確かめてみよう。

実は 2 階線形微分方程式の解法は，必ず解ける必勝法はない。しかし，定数係数の場合はうまい解法があるし，応用上重要な解ける事例もある。

そこで，本講ではイントロダクションとして 2 階線形同次微分方程式の一般論を述べ，次講以降で定数係数 2 階線形同次微分方程式の解法や 2 階線形非同次微分方程式について学ぶ。すぐにでも定数係数 2 階線形微分方程式の解法を知りたい読者(例えば明日テストがある場合など)は本講はとばしてかまわない。

● 2 階線形同次微分方程式

まずは簡単な同次方程式から解説しよう。

2 階線形同次微分方程式とは，

$$y''+Py'+Qy = 0 \quad \cdots\cdots ①$$

と表されるものをいう。実は 1 階線形のときよりも線形という言葉が大きな意味をもってくる。それはなぜかというと，もし，①が2 つの解 $y=f_1(x)$ と $y=f_2(x)$ をもつとすれば，線形結合した式 $C_1 f_1(x) + C_2 f_2(x)$ もまた解になるからである。実際，$y=f_1(x)$ と $y=f_2(x)$ が①の解，すなわち，

$$f_1''(x)+Pf_1'(x)+Qf_1(x) = 0 \quad \text{かつ} \quad f_2''(x)+Pf_2'(x)+Qf_2(x) = 0$$

であると仮定して，①に $C_1 f_1(x)+C_2 f_2(x)$ を代入してみると，

$$\{C_1 f_1(x)+C_2 f_2(x)\}''+P\{C_1 f_1(x)+C_2 f_2(x)\}'+Q\{C_1 f_1(x)+C_2 f_2(x)\}$$
$$= C_1 f_1''(x)+C_2 f_2''(x)+PC_1 f_1'(x)+PC_2 f_2'(x)+QC_1 f_1(x)+QC_2 f_2(x)$$

$$= C_1\{f_1''(x)+Pf_1'(x)+Qf_1(x)\}+C_2\{f_2''(x)+Pf_2'(x)+Qf_2(x)\}$$
$$= C_1 \cdot 0 + C_2 \cdot 0 = 0$$

となり，確かに $y=C_1f_1(x)+C_2f_2(x)$ は①を満たすから解といえる。このことはとても重要だし，とても興味深い事実を含んでいる。

ここで①を満たす関数すべてを集めて集合を作り，V と名付けるとすれば，上の事実は次のように述べることができる。

> $f_1(x) \in V$, $f_2(x) \in V$ ならば，
> $$C_1f_1(x)+C_2f_2(x) \in V$$

物理に重ね合わせの原理という原理があるけれど，数学でもこういうものをどこかで見なかっただろうか？ そう，線形代数学だ。このような性質をもつ集合をベクトル空間と呼ぶね。簡単におさらいをしておくと，

> **定義** 定数倍と和が定義されている集合 V の各要素に対して，
> $$x \in V \text{ かつ } y \in V \quad \text{かつ} \quad C_1, C_2 \in \mathbf{R} \implies C_1x+C_2y \in V$$
> が成り立つとき，この集合 V を**ベクトル空間**と呼ぶ。

だから，微分方程式 $y''+Py'+Qy=0$ の解の性質を一言でいえば，次のようになる。

> 2階線形同次微分方程式の解全体の集合 V はベクトル空間をなす。

あとで説明するが，実は2階線形同次微分方程式の解空間の次元は2となるので，次の線形代数の知識が使える。

> 2次元ベクトル空間の任意のベクトル $\boldsymbol{p}$ は，2つの基底ベクトル $\boldsymbol{a}, \boldsymbol{b}$ によって
> $$\boldsymbol{p} = x\boldsymbol{a}+y\boldsymbol{b}$$
> の形（線形結合）にただ1通りに表せる。

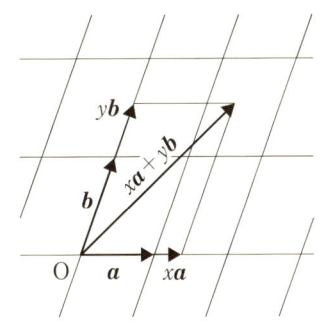

注　これらのことは拙著『単位が取れる線形代数ノート』（講談社，以下『線形代数ノート』）の 106 ページで説明しているので，必要があればぜひ参照して欲しい。本書では必要に応じて『線形代数ノート』の参照ページを紹介する。

このことから，例えば $y=f_1(x)$ と $y=f_2(x)$ を基底とすると，その 2 階線形同次微分方程式の任意の一般解は，$C_1f_1(x)+C_2f_2(x)$ と表され，これで解けたことになるのだ。

● つまり，微分方程式の解全体を 1 枚の平面のように考えられるのだ。

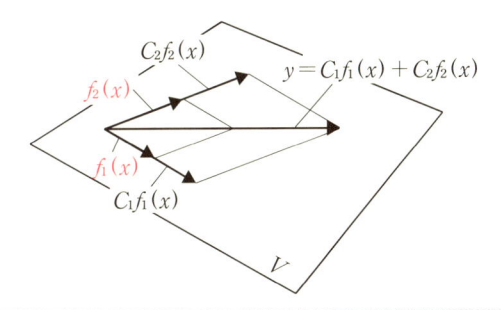

2 階線形同次微分方程式の一般解

2 階線形同次微分方程式 $y''+Py'+Qy=0$ の 1 次独立な 2 つの特殊解が $y=f_1(x)$ と $y=f_2(x)$ ならば，一般解は $C_1f_1(x)+C_2f_2(x)$ と表せる。

結局，2 階線形同次微分方程式の一般解を求めるには，1 次独立な特殊解 2 つを求めればよいことになる。

それでは，結論を先に述べたので，解決しなければならないことを整理しておこう。それは，「関数の 1 次独立の定義」「解空間が 2 次元であ

ること」「特殊解の求め方」である。特殊解の求め方は次講で扱うことにして，それ以外を順番に説明しよう。

●関数の1次独立性

関数同士の**1次独立**とはなんだろうか？　そこで，1次独立の定義を思い出そう。

> **定義**　ベクトル a, b が1次独立であるとは，1次式として独立，すなわちお互いがお互いの1次式で表せない状態をいう。言い換えると，
> $$xa + yb = 0 \iff x = y = 0$$
> である。
>
> 注　もし $x \neq 0$ であれば $a = -\dfrac{y}{x} b$ となり，a が b の1次式として表せる。これが高校のとき，1次独立とは 0 でも平行でもないことと教わった理由である。

これを拡張すれば，n 個のベクトルの1次独立も次のように定義できる。

> **定義**　ベクトル $a_1, a_2, \cdots, a_n$ が1次独立であるとは，1次式として独立，すなわちお互いがお互いの1次式で表せない状態をいう。言い換えると，
> $$t_1 a_1 + t_2 a_2 + \cdots + t_n a_n = 0 \iff t_1 = t_2 = \cdots = t_n = 0$$
> である。
>
> 注　『線形代数ノート』111 ページ。

この定義を関数同士の1次独立へ当てはめてみよう。まずは，2つの関数について考える。

> **定義**　関数 $f_1(x), f_2(x)$ が1次独立であるとは，
> 　　すべての x に対して $t_1 f_1(x) + t_2 f_2(x) = 0 \implies t_1 = t_2 = 0$
> となることである。

ここでは1つの関数を1つのベクトルとみなす。例えば $f(x)=x^2+1$ という関数があるとすれば，x に1を代入したら2になったり，3を代入したら10になったりするというような，

x と $f(x)$ との対応関係そのもの

をみることであって，ある x に対して x^2+1 となる1つの数値を考えているわけではない。だから「すべての x に対して」の一文が入るのだ。

定義だけではわかりにくい場合，次のように考えるとよい。すなわち1次独立でない場合を考えるのである。すると次のようになる。

関数 $f_1(x), f_2(x)$ が1次独立でないとき，すべての x に対して
$$t_1 f_1(x) + t_2 f_2(x) = 0$$
となるような，少なくとも一方は0ではない定数 t_1, t_2 が存在する。

例えば $t_1 \neq 0$ のとき，2つの関数の関係が「一定の値 $-\dfrac{t_2}{t_1}$」によって常に
$$f_1(x) = -\dfrac{t_2}{t_1} f_2(x)$$
となり，$f_1(x)$ は $f_2(x)$ の定数倍の関数となるといえばイメージできるだろう。このように1次独立ではない場合が **1次従属** である。

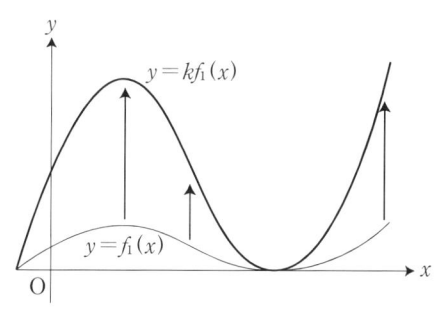

さらに一般の n の場合の定義は次のようになる。

定義 関数 $f_1(x), \cdots, f_n(x)$ が1次独立であるとは，
すべての x に対して $t_1 f_1(x) + t_2 f_2(x) + \cdots + t_n f_n(x) = 0$
$\implies t_1 = t_2 = \cdots = t_n = 0$
となることである。

これはイメージしにくいかもしれないので，次のような例はどうだろう。

例 3つの関数 $1, x, x^2$ は1次独立である（「1」も立派な定数関数だ）。

それぞれの関数は，ほかの関数の定数倍の和で表せない。また，0とは定数関数0のことだから
$$ax^2 + bx + c = 0$$
すなわち恒等的に0である必要十分条件は，
$$a = b = c = 0$$
となる。

では，$\sin x, \cos x, e^x, \log x$ など三角関数や指数・対数関数が関係してくるとどうだろう。例えば「$\sin x, \cos x, \sin(x+a)$ は1次独立か？」という質問にすぐに答えられるだろうか。実はそういう問題に対処するために**ロンスキアン**（ロンスキー行列式）という優れた道具がある。昔の人はやはりエライのだ。

それではロンスキアンについて説明しよう。ここでも線形代数の知識が大活躍だ。

ロンスキアンの定義

それぞれ $n-1$ 回微分できる n 個の関数
$$f_1(x), f_2(x), \cdots, f_n(x)$$
に対して，行列式
$$W(f_1, f_2, \cdots, f_n)(x) = \begin{vmatrix} f_1(x) & f_2(x) & \cdots & f_n(x) \\ f_1'(x) & f_2'(x) & \cdots & f_n'(x) \\ \vdots & \vdots & \ddots & \vdots \\ f_1^{(n-1)}(x) & f_2^{(n-1)}(x) & \cdots & f_n^{(n-1)}(x) \end{vmatrix}$$
を $\{f_1, f_2, \cdots, f_n\}$ の**ロンスキアン**と呼ぶ。

そして，次の定理が成り立つ。

> **定理** 線形同次微分方程式の解 $\{f_1, f_2, \cdots, f_n\}$ については，ロンスキアン $W(f_1, f_2, \cdots, f_n)$ に対して，
> - すべての x で $W(f_1, f_2, \cdots, f_n) = 0$
> $\iff f_1(x), f_2(x), \cdots, f_n(x)$ は **1 次従属**
> - $W(f_1, f_2, \cdots, f_n) \neq 0$ となる x が存在する
> $\iff f_1(x), f_2(x), \cdots, f_n(x)$ は **1 次独立**

ロンスキアン自体が 1 つの x の関数である。だからロンスキアンが 0 か 0 でないかということは，すべての x でどうなるのかということであり，x の関数 $W(f_1, f_2, \cdots, f_n)$ が恒等式として 0 となるかどうかである。だから $W(f_1, f_2, \cdots, f_n) \neq 0$ となる x が 1 つでもあれば，$f_1(x), f_2(x), \cdots, f_n(x)$ は 1 次独立といえるのだ。

定理の証明は，簡単にするために関数が 3 つの場合に限定しよう。まず，

$$f_1(x), f_2(x), f_3(x) \text{ が 1 次従属} \Longrightarrow W(f_1, f_2, f_3) = 0$$

から証明する。

$f_1(x), f_2(x), f_3(x)$ が 1 次従属であるとき，3 つ同時に 0 とならない数の組 t_1, t_2, t_3 があって，すべての x で常に

$$t_1 f_1(x) + t_2 f_2(x) + t_3 f_3(x) = 0 \quad \cdots\cdots ①$$

が成り立つ。だから，これらの両辺を 1 回，2 回と微分しても

$$t_1 f_1'(x) + t_2 f_2'(x) + t_3 f_3'(x) = 0 \quad \cdots\cdots ②$$
$$t_1 f_1''(x) + t_2 f_2''(x) + t_3 f_3''(x) = 0 \quad \cdots\cdots ③$$

となる。この①~③をたて 1 列に並べると，

$$t_1 \begin{pmatrix} f_1(x) \\ f_1'(x) \\ f_1''(x) \end{pmatrix} + t_2 \begin{pmatrix} f_2(x) \\ f_2'(x) \\ f_2''(x) \end{pmatrix} + t_3 \begin{pmatrix} f_3(x) \\ f_3'(x) \\ f_3''(x) \end{pmatrix} = 0$$

となるが，果たしてこの式はなにを意味しているのだろうか？

そう，これもまた 1 次従属を表しているんだね。つまり，

関数 $f_1(x), f_2(x), f_3(x)$ が 1 次従属

$\Longrightarrow$ 空間の 3 つのベクトル $\begin{pmatrix} f_1 \\ f_1' \\ f_1'' \end{pmatrix}, \begin{pmatrix} f_2 \\ f_2' \\ f_2'' \end{pmatrix}, \begin{pmatrix} f_3 \\ f_3' \\ f_3'' \end{pmatrix}$ が 1 次従属

ということになって，ベクトルとしての関数の 1 次従属が 3 次元数ベクトルとしての 1 次従属を生んだというわけだ。

また，3 つの 3 次元数ベクトルが 1 次従属であるとき，3 つの数ベクトルを 1 つにしてできる 3×3 の行列式は 0 になる。

ベクトル $\begin{pmatrix} a \\ b \\ c \end{pmatrix}, \begin{pmatrix} d \\ e \\ f \end{pmatrix}, \begin{pmatrix} g \\ h \\ i \end{pmatrix}$ が 1 次従属 $\Longleftrightarrow$ 行列式 $|A| = \begin{vmatrix} a & d & g \\ b & e & h \\ c & f & i \end{vmatrix} = 0$

よって，次がいえる。

> 関数 $f_1(x), f_2(x), f_3(x)$ が 1 次従属
>
> $\Longrightarrow$ 空間の 3 ベクトル $\begin{pmatrix} f_1 \\ f_1' \\ f_1'' \end{pmatrix}, \begin{pmatrix} f_2 \\ f_2' \\ f_2'' \end{pmatrix}, \begin{pmatrix} f_3 \\ f_3' \\ f_3'' \end{pmatrix}$ が 1 次従属
>
> $\Longrightarrow$ 行列式 $\begin{vmatrix} f_1(x) & f_2(x) & f_3(x) \\ f_1'(x) & f_2'(x) & f_3'(x) \\ f_1''(x) & f_2''(x) & f_3''(x) \end{vmatrix} = 0$

それでは，逆はどうだろうか。すなわち，

$W(f_1, f_2, f_3) = 0 \Longrightarrow f_1(x), f_2(x), f_3(x)$ は 1 次従属

となるかどうかだが，これはかなり難しい。**一応説明するが，大変であればここはとばしてもよいだろう。**

まず，この $f_1(x), f_2(x), f_3(x)$ が，線形同次微分方程式 $y''' + Py'' + Qy' + Ry = 0$ の解である場合に限って話を進めよう。もし，$y'' + Py' + Qy = 0$ の解の場合でも，その両辺をさらに微分すれば，$y''' + Py'' + Qy' + 0y = 0$ となるので問題はない。

また，次の定理を利用するが，この証明も証明なしで認めるとする。

> **定理** 線形同次微分方程式 $y''' + Py'' + Qy' + Ry = 0$ は，初期条件
> $$x = a, \ y(a) = \beta_0, \ y'(a) = \beta_1, \ y''(a) = \beta_2$$
> を満たす解をただ 1 つだけもつ。

その上で，

$$W(f_1, f_2, f_3) = \begin{vmatrix} f_1(x) & f_2(x) & f_3(x) \\ f_1'(x) & f_2'(x) & f_3'(x) \\ f_1''(x) & f_2''(x) & f_3''(x) \end{vmatrix} = 0$$

がどういう意味をもつのかを考えてみよう。$W(f_1, f_2, f_3)$ が x の関数だと話がややこしくなるので，ここで x に定数 a を代入して，数値ベースで考えよう。

線形代数の知識を使えば，$\begin{vmatrix} f_1(a) & f_2(a) & f_3(a) \\ f_1'(a) & f_2'(a) & f_3'(a) \\ f_1''(a) & f_2''(a) & f_3''(a) \end{vmatrix} = 0$ のとき，行列

$A = \begin{pmatrix} f_1(a) & f_2(a) & f_3(a) \\ f_1'(a) & f_2'(a) & f_3'(a) \\ f_1''(a) & f_2''(a) & f_3''(a) \end{pmatrix}$ は逆行列をもたない。よって，$\begin{pmatrix} C_1 \\ C_2 \\ C_3 \end{pmatrix}$ に

ついての連立方程式 $\begin{pmatrix} f_1(a) & f_2(a) & f_3(a) \\ f_1'(a) & f_2'(a) & f_3'(a) \\ f_1''(a) & f_2''(a) & f_3''(a) \end{pmatrix} \begin{pmatrix} C_1 \\ C_2 \\ C_3 \end{pmatrix} = \begin{pmatrix} 0 \\ 0 \\ 0 \end{pmatrix}$ は，係数行

列 A が逆行列をもたないので，$\mathbf{0}$ でない解 $\begin{pmatrix} C_1 \\ C_2 \\ C_3 \end{pmatrix}$ をもつことになる。

これはどういうことかというと，$|A| = 0$ であるような 3×3 行列 A による線形変換の $\mathrm{rank}(A)$ は，$\mathrm{rank}(A) < 3$ を満たす。このとき $A\mathbf{x} = \mathbf{0}$ となるような $\mathbf{x}$ 全体の集合，すなわち $\mathrm{Ker}(A)$ の次元は定理（『線形代数ノート』138 ページ）によって $(\mathrm{Ker}(A)$ の次元$) = 3 - \mathrm{rank}(A) > 0$ から $\mathrm{Ker}(A) \neq \emptyset$ となる。適当に $\mathrm{Ker}(A)$ から $\mathbf{0}$ でない要素を 1 つ取り

出せば，それが **0** でない解 $\begin{pmatrix} C_1 \\ C_2 \\ C_3 \end{pmatrix}$ になるということなのだ。

以上から，少なくとも 1 つは 0 ではない C_1, C_2, C_3 によって，
$$\begin{cases} C_1 f_1(\alpha) + C_2 f_2(\alpha) + C_3 f_3(\alpha) = 0 \\ C_1 f_1{}'(\alpha) + C_2 f_2{}'(\alpha) + C_3 f_3{}'(\alpha) = 0 \\ C_1 f_1{}''(\alpha) + C_2 f_2{}''(\alpha) + C_3 f_3{}''(\alpha) = 0 \end{cases}$$
と表されることになる。

この C_1, C_2, C_3 を利用して，新たに関数
$$g(x) = C_1 f_1(x) + C_2 f_2(x) + C_3 f_3(x)$$
を作れば，$f_1(x), f_2(x), f_3(x)$ が $y''' + Py'' + Qy' + Ry = 0$ の解であることから，121 ページと同様，$g(x)$ もまたその解となることがわかる。

よって，$g(x)$ は初期条件「$x = \alpha$ ならば $y = 0$, $y' = 0$, $y'' = 0$」を満たすただ 1 つの解として定まる。ところが，定数関数 0 も $y''' + Py'' + Qy' + Ry = 0$ の初期条件「$x = \alpha$ ならば $y = 0$, $y' = 0$, $y'' = 0$」を満たす解となっている。

よって，129 ページで述べた定理によって，そのような解 $y = g(x)$ はただ 1 つとなるから，

$g(x)$ 自身が定数関数 0 にほかならない。

つまり，少なくとも 1 つは 0 ではないある C_1, C_2, C_3 に対し，すべての x で常に
$$C_1 f_1(x) + C_2 f_2(x) + C_3 f_3(x) = 0$$
ということになり，次のことが成り立つ。

線形同次微分方程式 $y''' + Py'' + Qy' + Ry = 0$ の解 $f_1(x), f_2(x), f_3(x)$ に対して，

行列式 $\begin{vmatrix} f_1(x) & f_2(x) & f_3(x) \\ f_1{}'(x) & f_2{}'(x) & f_3{}'(x) \\ f_1{}''(x) & f_2{}''(x) & f_3{}''(x) \end{vmatrix} = 0$

$\Longrightarrow$ 少なくとも 1 つは 0 ではないある C_1, C_2, C_3 に対し，すべ

> ての x で常に $C_1f_1(x)+C_2f_2(x)+C_3f_3(x)=0$
> $\Longrightarrow$ 関数 $f_1(x), f_2(x), f_3(x)$ が 1 次従属

以上により，線形同次微分方程式 $y'''+Py''+Qy'+Ry=0$ の解 $f_1(x)$，$f_2(x), f_3(x)$ に対して次のことが成り立つ．

> すべての x で $W(f_1, f_2, f_3)=0 \Longleftrightarrow f_1(x), f_2(x), f_3(x)$ は 1 次従属

1 次従属でないものが 1 次独立なので，同時に次のことも成り立つ．

> $W(f_1, f_2, f_3) \neq 0$ でない x が存在する $\Longleftrightarrow f_1(x), f_2(x), f_3(x)$ は 1 次独立

これらは，線形同次微分方程式の解に限っては関数の個数が増えても同様に証明できるので，一般論として次のことも成り立つ．

> 線形同次微分方程式の解 $f_1, f_2, \cdots, f_n$ が 1 次独立かどうかはロンスキアンが 0 かどうかによる．

例題 6-1 $y''-y'-2y=0$ の 2 つの特殊解 $y=e^{2x}$ および $y=e^{-x}$ が 1 次独立であることを示せ．

解答&解説

121 ページ例 1 で示したように $y=e^{2x}$, $y=e^{-x}$ は $y''-y'-2y=0$ の解である．

また，1 次独立なのはお互いが常に一定の定数倍になっていないことを示してもよいが，ロンスキアンを計算すれば，

$$W(e^{2x}, e^{-x}) = \begin{vmatrix} e^{2x} & e^{-x} \\ (e^{2x})' & (e^{-x})' \end{vmatrix} = \begin{vmatrix} e^{2x} & e^{-x} \\ 2e^{2x} & -e^{-x} \end{vmatrix}$$
$$= -e^x - 2e^x = -3e^x$$

となり，これはもちろん恒等的に 0 とはならないので，$y=e^{2x}$ および $y=e^{-x}$ は 1 次独立である．

> **演習問題 6-1** $\sin x$, $\cos x$, $\sin(x+\alpha)$ が1次独立ではないことを示せ。

解答＆解説

もちろん，三角関数の加法定理によって，
$$\sin(x+\alpha) = \cos\alpha \sin x + \sin\alpha \cos x$$
だから，1次独立ではありえない。ただ，ここではロンスキアンを用いる解法も紹介しよう。$\sin x$, $\cos x$, $\sin(x+\alpha)$ はいずれも $y''=-y$ を満たすことはわかり，これは，
$$y'' + 0\cdot y' + y = 0$$
と変形できるので，$\sin x$, $\cos x$, $\sin(x+\alpha)$ は立派に2階線形同次微分方程式の解となっている。

そこでロンスキアンを計算すると，サラスの規則によって
$$W(\sin x, \cos x, \sin(x+\alpha)) = \begin{vmatrix} \sin x & \cos x & \sin(x+\alpha) \\ \cos x & -\sin x & \cos(x+\alpha) \\ -\sin x & -\cos x & -\sin(x+\alpha) \end{vmatrix}$$
$$= \sin^2 x \sin(x+\alpha) - \cos^2 x \sin(x+\alpha) - \sin x \cos x \cos(x+\alpha)$$
$$\quad -\sin^2 x \sin(x+\alpha) + \cos^2 x \sin(x+\alpha) + \sin x \cos x \cos(x+\alpha)$$
$$= 0$$

となって，ここからも1次独立でないことが確かめられる。

注 サラスの規則については『線形代数ノート』56ページ参照。

● 2階線形同次微分方程式の2次元な解空間

次に $y''+Py'+Qy=0$ の解空間の次元が2であることを示すために，次の2つの定理を証明しよう。

> **定理** 微分方程式 $y''+Py'+Qy=0$ の解で1次独立なものは最大で2個しかない。

【証明】 $y''+Py'+Qy=0$ の解が $f_1(x), f_2(x), f_3(x)$ であったとすると，

$$f_1'' = -Pf_1' - Qf_1, \quad f_2'' = -Pf_2' - Qf_2, \quad f_3'' = -Pf_3' - Qf_3$$

よって，ロンスキアンを考えると，

$$W(f_1, f_2, f_3) = \begin{vmatrix} f_1 & f_2 & f_3 \\ f_1' & f_2' & f_3' \\ f_1'' & f_2'' & f_3'' \end{vmatrix} = \begin{vmatrix} f_1 & f_2 & f_3 \\ f_1' & f_2' & f_3' \\ -Pf_1' - Qf_1 & -Pf_2' - Qf_2 & -Pf_3' - Qf_3 \end{vmatrix}$$

となるから，行列の第 3 行を考えれば，

$$\begin{aligned} (f_1'' \quad f_2'' \quad f_3'') &= (-Pf_1' - Qf_1 \quad -Pf_2' - Qf_2 \quad -Pf_3' - Qf_3) \\ &= -P(f_1' \quad f_2' \quad f_3') - Q(f_1 \quad f_2 \quad f_3) \end{aligned}$$

となり，ほかの行の 1 次結合で表せることがわかる。

以上から，この 3 つの行ベクトル

$$(f_1 \quad f_2 \quad f_3), \quad (f_1' \quad f_2' \quad f_3'), \quad (f_1'' \quad f_2'' \quad f_3'')$$

は 1 次独立でないことがわかり，それを 3 段積んだ行列の $W(f_1, f_2, f_3)$ は 0 となる。

このことから 3 つの関数 $f_1(x), f_2(x), f_3(x)$ は 1 次独立でないことがいえた。【証明終わり】

注　サラスの規則によって直接計算しても 0 になる。

> **定理**　微分方程式 $y'' + Py' + Qy = 0$ の解で 1 次独立なものは少なくとも 2 個ある。

【証明】　129 ページの定理より，初期条件

$$\begin{cases} y_1(a) = 1 \\ y_1'(a) = 0 \end{cases} \begin{cases} y_2(a) = 0 \\ y_2'(a) = 1 \end{cases}$$

を満たす解 y_1, y_2 が存在する。

このとき，点 a でのロンスキアンは

$$W(y_1, y_2)(a) = \begin{vmatrix} y_1(a) & y_2(a) \\ y_1'(a) & y_2'(a) \end{vmatrix} = \begin{vmatrix} 1 & 0 \\ 0 & 1 \end{vmatrix} = 1 \neq 0$$

よって，y_1, y_2 は 1 次独立である。【証明終わり】

この 2 つの定理から，$y'' + Py' + Qy = 0$ の解空間の次元は 2 である。

例1 例題 6-1（132 ページ）でみた
$$y'' - y' - 2y = 0$$
は，特殊解として $y = e^{2x}$ および $y = e^{-x}$ がある。

この2つの関数が1次独立であることはすでに述べた（ロンスキアンが恒等的に0でない）。

だから，2階線形同次微分方程式の解全体は2次元ベクトル空間をなすという事実を用いれば，すべての解を表す一般解は，
$$y = ae^{2x} + be^{-x} \quad (a, b \text{ は任意定数})$$
と求められる。

例2 上の例1の係数を少し変えて，
$$y'' - y' + 2y = 0$$
とする。この特殊解は，
$$y = e^{\frac{1}{2}x} \cos \frac{\sqrt{7}}{2} x, \quad y = e^{\frac{1}{2}x} \sin \frac{\sqrt{7}}{2} x$$
である。

実際に代入すれば，
$$\left(e^{\frac{1}{2}x} \cos \frac{\sqrt{7}}{2} x\right)'' - \left(e^{\frac{1}{2}x} \cos \frac{\sqrt{7}}{2} x\right)' + 2\left(e^{\frac{1}{2}x} \cos \frac{\sqrt{7}}{2} x\right)$$
$$= \left\{e^{\frac{1}{2}x}\left(\frac{1}{2} \cos \frac{\sqrt{7}}{2} x - \frac{\sqrt{7}}{2} \sin \frac{\sqrt{7}}{2} x\right)\right\}'$$
$$\quad - e^{\frac{1}{2}x}\left(\frac{1}{2} \cos \frac{\sqrt{7}}{2} x - \frac{\sqrt{7}}{2} \sin \frac{\sqrt{7}}{2} x\right) + 2 e^{\frac{1}{2}x} \cos \frac{\sqrt{7}}{2} x$$
$$= e^{\frac{1}{2}x}\left\{\frac{1}{2}\left(\frac{1}{2} \cos \frac{\sqrt{7}}{2} x - \frac{\sqrt{7}}{2} \sin \frac{\sqrt{7}}{2} x\right)\right.$$
$$\quad \left. + \left(-\frac{\sqrt{7}}{4} \sin \frac{\sqrt{7}}{2} x - \frac{7}{4} \cos \frac{\sqrt{7}}{2} x\right)\right\}$$
$$\quad + e^{\frac{1}{2}x}\left(\frac{3}{2} \cos \frac{\sqrt{7}}{2} x + \frac{\sqrt{7}}{2} \sin \frac{\sqrt{7}}{2} x\right)$$
$$= e^{\frac{1}{2}x}\left(-\frac{3}{2} \cos \frac{\sqrt{7}}{2} x - \frac{\sqrt{7}}{2} \sin \frac{\sqrt{7}}{2} x + \frac{3}{2} \cos \frac{\sqrt{7}}{2} x + \frac{\sqrt{7}}{2} \sin \frac{\sqrt{7}}{2} x\right)$$
$$= 0$$

となり，$y = e^{\frac{1}{2}x} \cos \frac{\sqrt{7}}{2} x$ が解であることがわかる．同様にして，$y = e^{\frac{1}{2}x} \sin \frac{\sqrt{7}}{2} x$ についても解とわかる．

この2つの特殊解のロンスキアンは，

$$W\left(e^{\frac{1}{2}x} \cos \frac{\sqrt{7}}{2} x, e^{\frac{1}{2}x} \sin \frac{\sqrt{7}}{2} x\right)$$

$$= \begin{vmatrix} e^{\frac{1}{2}x} \cos \frac{\sqrt{7}}{2} x & e^{\frac{1}{2}x} \sin \frac{\sqrt{7}}{2} x \\ \frac{1}{2} e^{\frac{1}{2}x} \left(\cos \frac{\sqrt{7}}{2} x - \sqrt{7} \sin \frac{\sqrt{7}}{2} x \right) & \frac{1}{2} e^{\frac{1}{2}x} \left(\sin \frac{\sqrt{7}}{2} x + \sqrt{7} \cos \frac{\sqrt{7}}{2} x \right) \end{vmatrix}$$

$$= \frac{1}{2} e^x \left(\sin \frac{\sqrt{7}}{2} x \cos \frac{\sqrt{7}}{2} x - \sin \frac{\sqrt{7}}{2} x \cos \frac{\sqrt{7}}{2} x \right.$$

$$\left. + \sqrt{7} \cos^2 \frac{\sqrt{7}}{2} x + \sqrt{7} \sin^2 \frac{\sqrt{7}}{2} x \right)$$

$$= \frac{\sqrt{7}}{2} e^x \left(\cos^2 \frac{\sqrt{7}}{2} x + \sin^2 \frac{\sqrt{7}}{2} x \right) = \frac{\sqrt{7}}{2} e^x$$

となり，恒等的に0でないので，$y = e^{\frac{1}{2}x} \cos \frac{\sqrt{7}}{2} x$ と $y = e^{\frac{1}{2}x} \sin \frac{\sqrt{7}}{2} x$ は1次独立である．

結果，この微分方程式の一般解はこれら2つの関数を基底とする2次元ベクトル空間の要素として，

$$y = a e^{\frac{1}{2}x} \cos \frac{\sqrt{7}}{2} x + b e^{\frac{1}{2}x} \sin \frac{\sqrt{7}}{2} x$$

$$= e^{\frac{1}{2}x} \left(a \cos \frac{\sqrt{7}}{2} x + b \sin \frac{\sqrt{7}}{2} x \right) \quad (a, b \text{ は任意定数})$$

と求められる．

講義 07 2階線形同次微分方程式 ——解法編——

●定数係数2階線形同次微分方程式

では，2階線形微分方程式の解法を解説しよう。とはいえ，いきなり変数係数の方程式は難しいので，定数係数から，それも同次形からはじめよう。すなわち，次のタイプだ。

$$y'' + py' + qy = 0 \quad (ただし，p, q は定数) \quad \cdots\cdots ①$$

講義6で解説したとおり，同次な2階線形微分方程式の解全体の集合は，2次元のベクトル空間をなしている。だから，その基底として1次独立な特殊解2つを求めることができれば，重ね合わせの原理によって容易に一般解を作ることができるわけだ。よって，ポイントは，**特殊解2つが求まればよいところにある**。

そして，この特殊解2つは，微分方程式①と同じ形の2次方程式

$$\lambda^2 + p\lambda + q = 0 \quad \cdots\cdots ②$$

の解から求めることができる。

このような2次方程式②を①の **特性方程式** と呼ぶが，知ってのとおり，実数を係数にもつ2次方程式の解は次の3通りがある。

「異なる2実数解」「重解」「異なる2虚数解」

注 これらは「判別式 D」の符号で判別できた。②の判別式は $D = p^2 - 4q$ だ。

実は，特殊解の求め方はこれら3通りで方法が異なる。そこで，それぞれについて解説していこう。

❶ 特性方程式が異なる2実数解をもつとき

繰り返しになるが，お目当ての微分方程式

$$y'' + py' + qy = 0 \quad \cdots\cdots ①$$

の2つの特殊解を見つけるには，**適当に解となりそうな関数を方程式に代入して，2つ「当たれば」OK** である。**試しに，$y=e^{\lambda x}$ を代入してみ**よう。なぜ $y=e^{\lambda x}$ なのかというと，「うまくいくことを知っているから」だ(笑)。とにかく，だまされたと思って代入してみよう。

$y''+py'+qy=0$ へ $y=e^{\lambda x}$ を代入すると，
$$(e^{\lambda x})'' + p(e^{\lambda x})' + q(e^{\lambda x}) = 0$$
$$\Leftrightarrow \lambda^2 e^{\lambda x} + p\lambda e^{\lambda x} + qe^{\lambda x} = 0$$
$$\Leftrightarrow (\boldsymbol{\lambda^2 + p\lambda + q})e^{\lambda x} = \boldsymbol{0}$$

となる。もちろん，$e^{\lambda x}$ はすべての x で 0 とはならないので，
$$\lambda^2 + p\lambda + q = 0 \quad \cdots\cdots ②$$

であれば $y=e^{\lambda x}$ は解となる。そう，これこそが**特性方程式のもつ役割**なのだ。もし，②が相異なる2つの実数解 α と β をもてば，これら α, β によって2つの特殊解 $y=e^{\alpha x}$ と $y=e^{\beta x}$ が得られる。

この2つの解がお互いに定数倍で表せないのは，ほぼ明らかだね。

よって，$\boldsymbol{y=e^{\alpha x}}$ と $\boldsymbol{y=e^{\beta x}}$ は**1次独立な2解である**といえる。

注　実際，ロンスキアンを計算してみれば，
$$W(e^{\alpha x}, e^{\beta x}) = \begin{vmatrix} e^{\alpha x} & e^{\beta x} \\ \alpha e^{\alpha x} & \beta e^{\beta x} \end{vmatrix} = (\beta - \alpha)e^{(\alpha+\beta)x}$$

となり，$\alpha \neq \beta$ から 0 とはならない。

よって，①の一般解は
$$y = C_1 e^{\alpha x} + C_2 e^{\beta x} \quad (C_1, C_2 \text{ は任意定数})$$

---

❶ 特性方程式が異なる2実数解をもつとき

2階の定数係数線形同次微分方程式
$$y'' + py' + qy = 0 \quad \cdots\cdots ①$$
に対して，特性方程式
$$\lambda^2 + p\lambda + q = 0$$
が異なる2実数解 α, β をもてば，①の一般解は
$$y = C_1 e^{\alpha x} + C_2 e^{\beta x} \quad (C_1, C_2 \text{ は任意定数})$$

講義07 ●2階線形同次微分方程式——解法編——

❷ 特性方程式が重解をもつとき

特性方程式の解が1つしか求まらない，すなわち重解をもつときはどうしたらよいだろうか。それには受験生のときに学んだ次のようなことを思い出すとよい。

$$\lambda^2 + p\lambda + q = 0 \text{ が重解 } \alpha \text{ をもつ}$$
$$\iff \lambda^2 + p\lambda + q = (\lambda - \alpha)^2 \text{ と因数分解できる}$$

そうすると，重解 α をもつような特性方程式ははじめから，

$$(\lambda - \alpha)^2 = \lambda^2 - 2\alpha\lambda + \alpha^2 = 0$$

であるといえ，与方程式は，

$$y'' - 2\alpha y' + \alpha^2 y = 0 \quad \cdots\cdots ①'$$

の形をしていると考えてよい。

特性方程式が重解でも実数解 α をもつ以上は，それによる関数 $e^{\alpha x}$ は与方程式①′の特殊解の1つであるから，なんとかあと1つ1次独立な特殊解を見つけたい（そうすれば，重ね合わせの原理から一般解はすぐ導ける）。

そこで，**定数変化法**を使ってみよう。

すなわち，微分方程式①′に，すでにわかっている特殊解 $y = e^{\alpha x}$ の"類似品" $y = A(x) e^{\alpha x}$ を試しに代入してみるのだ。すると，

$$\{A(x) e^{\alpha x}\}'' - 2\alpha \{A(x) e^{\alpha x}\}' + \alpha^2 A(x) e^{\alpha x}$$
$$= \{A''(x) + 2\alpha A'(x) + \alpha^2 A(x)\} e^{\alpha x}$$
$$\quad - 2\alpha \{A'(x) + \alpha A(x)\} e^{\alpha x} + \alpha^2 A(x) e^{\alpha x}$$
$$= A''(x) e^{\alpha x} = 0$$

となり，$e^{\alpha x} \neq 0$ はあきらかだから $A''(x) = 0$ であるような関数 $A(x)$ を見つければ，確かに $y = A(x) e^{\alpha x}$ は特殊解となる。

ここで $A''(x) = 0$ を満たす関数 $A(x)$ は，定数でなければなんでもよい。ならば，$A(x) = x$ とおいてしまおう。すると，**$y = xe^{\alpha x}$ もまた $y'' - 2\alpha y' + \alpha^2 y = 0$ の特殊解の1つ**といえるのだ。

もちろん，$e^{\alpha x}, xe^{\alpha x}$ はお互いに定数倍では表せない。すなわち，この2つは1次独立な特殊解だ。

よって，①′の一般解は

$$y = C_1 e^{ax} + C_2 x e^{ax} \quad (C_1, C_2 は任意定数)$$

> ### ❷ 特性方程式が重解をもつとき
>
> 2階の定数係数線形同次微分方程式
> $$y'' - 2\alpha y' + \alpha^2 y = 0 \quad \cdots\cdots ①'$$
> に対して，特性方程式
> $$\lambda^2 - 2\alpha\lambda + \alpha^2 = (\lambda - \alpha)^2 = 0$$
> が重解 α をもてば，①' の一般解は，
> $$y = C_1 e^{\alpha x} + C_2 x e^{\alpha x} \quad (C_1, C_2 は任意定数)$$

❸ 特性方程式が虚数解をもつとき

さて，一番問題なのがこの虚数解をもつときだ。例えば，
$$y'' + y' + y = 0 \quad \cdots\cdots ①''$$
を考えると，この微分方程式の特性方程式は，
$$\lambda^2 + \lambda + 1 = 0 \quad \cdots\cdots ②''$$
となり，実数解をもたない。実際，$e^{\lambda x}$ を解として①'' に代入しても，
$$(e^{\lambda x})'' + (e^{\lambda x})' + e^{\lambda x} = (\lambda^2 + \lambda + 1) e^{\lambda x}$$
$$= \left\{ \left(\lambda + \frac{1}{2}\right)^2 + \frac{3}{4} \right\} e^{\lambda x} \neq 0$$
$$\left(\because \left(\lambda + \frac{1}{2}\right)^2 + \frac{3}{4} \geq \frac{3}{4} \text{ かつ } e^{\lambda x} \neq 0 \right)$$

となり，方程式①'' は **λ が実数である限りは $y = e^{\lambda x}$ を解にもつことができない。**

それでは，**λ が虚数となることを許して，複素数の世界へと話を拡げる**とどうなるだろう。

> 特性方程式②'' がもつ2虚数解 $\alpha = \dfrac{-1+\sqrt{3}\,i}{2}$, $\beta = \dfrac{-1-\sqrt{3}\,i}{2}$ を $e^{\lambda x}$ の λ へ代入し，微分方程式①'' の特殊解 $e^{\frac{-1+\sqrt{3}\,i}{2}x}$ および $e^{\frac{-1-\sqrt{3}\,i}{2}x}$ を得る。

ということはできるのだろうか。

答えは，ほぼ YES である。そのためには話の世界を複素数へ拡げて，

複素数の関数と微分・積分を考えればよい。

思い出してみよう，実数は複素数の一部であるということを。しかも，実数世界で成り立つ足し算・かけ算の性質などは複素数世界においても成り立つ。そういう意味で，複素数は実数と同じような構造をもつ実数の拡張と考えることができる。

すなわち，実数の世界で成り立つ定理や基本事項は複素数の世界においてもそのほとんどが成り立つ。そして講義6で述べた，関数の1次独立性や関数によるベクトル空間の話も同様に議論できるのだ。

● $y''+py'+qy=0$ や $y=K_1 e^{\alpha z}+K_2 e^{\beta z}$ などの数学的対象は複素数の世界，実数の世界にまたがって存在している。

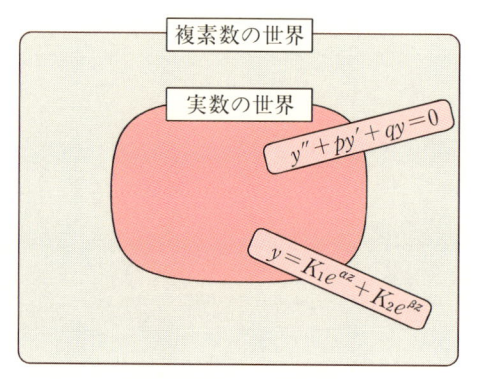

あらためて，ここでは一般論として方程式

$$y''+py'+qy=0 \quad \cdots\cdots ①$$

の特性方程式 $\lambda^2+p\lambda+q=0$ が虚数解をもつ場合を考えるとする。

注 もちろん，**判別式 $D=p^2-4q$ が負**となる場合だ。

方程式①へ $e^{\lambda x}$ を代入すると，実数の世界とまったく同じように成り立つ公式 $(e^{\lambda x})'=\lambda e^{\lambda x}$, $(e^{\lambda x})''=\lambda^2 e^{\lambda x}$ によって，

$$(e^{\lambda x})''+p(e^{\lambda x})'+qe^{\lambda x}=(\lambda^2+p\lambda+q)e^{\lambda x}=0$$

が得られる。ここで複素数の範囲においてもやはり $e^{\lambda x}\neq 0$ だから，

> 特性方程式 $\lambda^2+p\lambda+q=0$ の解 α, β に対し， $e^{\alpha x}, e^{\beta x}$ が微分方程式 $y''+py'+qy=0$ の特殊解である。

つまり，実数とまったく同じことがいえるのだ。だとすれば，重ね合

わせの原理から，①の一般解は**(複素数の世界で)**
$$y = K_1 e^{\alpha x} + K_2 e^{\beta x}$$
と求められることになるだろう。もちろん，K_1, K_2 は任意の**複素定数**となることに注意する必要がある。

特性方程式 $\lambda^2 + p\lambda + q = 0$ の虚数解は，実際に解けばわかるが，
$$\lambda = \frac{-p \pm \sqrt{p^2 - 4q}}{2} = -\frac{p}{2} \pm \frac{\sqrt{4q - p^2}}{2} i \quad (\because p^2 - 4q < 0)$$
のように，共役な形 $a + bi$ と $a - bi$ で表せる。

いま，$\lambda = a \pm bi$ (a, b は実数) が特性方程式の解であるとして，再び

オイラーの定理：$e^{i\theta} = \cos\theta + i\sin\theta$

を用いて，
$$e^{\lambda x} = e^{(a \pm bi)x} = e^{ax} e^{\pm ibx} = e^{ax}\{\cos(\pm bx) + i\sin(\pm bx)\}$$
$$= e^{ax}(\cos bx \pm i\sin bx)$$
と書き換えられることを確認しておこう（複号同順）。そうすると，方程式①の一般解 $y = K_1 e^{\alpha x} + K_2 e^{\beta x}$ は，
$$K_1 e^{\alpha x} + K_2 e^{\beta x} = K_1 e^{(a+bi)x} + K_2 e^{(a-bi)x}$$
$$= K_1 e^{ax}(\cos bx + i\sin bx) + K_2 e^{ax}(\cos bx - i\sin bx)$$
$$= \boxed{(K_1 + K_2)} e^{ax} \cos bx + \boxed{i(K_1 - K_2)} e^{ax} \sin bx$$
と計算できる。この最後の式は，

$$C_1 e^{ax} \cos bx + C_2 e^{ax} \sin bx$$

と見えないだろうか？

そう，任意の実数定数 C_1, C_2 に対して，あらかじめ，
$$K_1 + K_2 = C_1 \quad かつ \quad i(K_1 - K_2) = C_2$$
が成り立つように，
$$K_1 = \frac{1}{2}(C_1 - iC_2) \quad かつ \quad K_2 = \frac{1}{2}(C_1 + iC_2)$$
と複素係数 K_1, K_2 をうまく選んでおけば，①の一般解 $y = K_1 e^{\alpha x} + K_2 e^{\beta x}$ は，**実数の値しかとらない関数**

$$C_1 e^{ax} \cos bx + C_2 e^{ax} \sin bx$$

へと変形できてしまうのだ。

　複素数の世界で見れば，これもある種の特殊解，**複素数の世界での一般解のうち実数の世界にはみ出した部分**ということになるが，これが欲しかった一般解ではないだろうか？

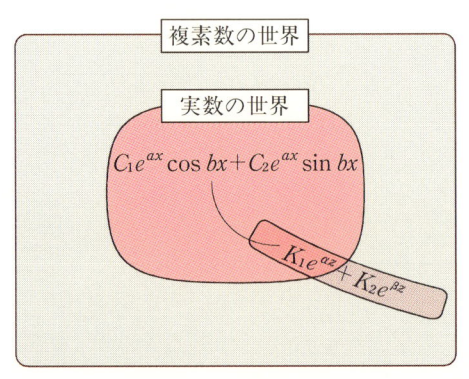

[図：複素数の世界の中に実数の世界があり，$C_1 e^{ax} \cos bx + C_2 e^{ax} \sin bx$ が実数の世界にあり，$K_1 e^{\alpha z} + K_2 e^{\beta z}$ が外にはみ出している様子]

　そうなのだ。$e^{ax} \cos bx$ と $e^{ax} \sin bx$ は，b が 0 でない限り，お互いに定数倍で表すことはできない，つまり 1 次独立だから C_1, C_2 を任意の実数定数として，$C_1 e^{ax} \cos bx + C_2 e^{ax} \sin bx$ が求めようとしている実数の世界での一般解となるのだ。

注　$e^{ax} \cos bx$ と $e^{ax} \sin bx$ が 1 次独立かどうか，ロンスキアンを調べてみよう。

$$W(e^{ax}\cos bx, e^{ax}\sin bx) = \begin{vmatrix} e^{ax}\cos bx & e^{ax}\sin bx \\ (e^{ax}\cos bx)' & (e^{ax}\sin bx)' \end{vmatrix}$$

$$= \begin{vmatrix} e^{ax}\cos bx & e^{ax}\sin bx \\ e^{ax}(a\cos bx - b\sin bx) & e^{ax}(a\sin bx + b\cos bx) \end{vmatrix}$$

$$= e^{2ax}\{\cos bx(a\sin bx + b\cos bx) - \sin bx(a\cos bx - b\sin bx)\}$$

$$= be^{2ax}$$

これは b が 0 でなければロンスキアンが 0 とならないことを示している。いまは特性方程式の虚数解 $\lambda = a \pm bi$ について考えているから，λ が虚数である以上 $b \neq 0$ となるため，ロンスキアンは 0 とはならない。

　ちなみに，$\lambda^2 + p\lambda + q = 0$ を解けば，$\lambda = -\dfrac{p}{2} \pm \dfrac{\sqrt{4q - p^2}}{2} i$ となるから，一般解は p, q を用いて表すと，

$$y = C_1 e^{-\frac{p}{2}x} \cos \frac{\sqrt{4q-p^2}}{2}x + C_2 e^{-\frac{p}{2}x} \sin \frac{\sqrt{4q-p^2}}{2}x$$

$(C_1, C_2 は任意定数)$

となる。

注 最初の例 $y''+y'+y=0$ の一般解は，

$$y = C_1 e^{-\frac{1}{2}x} \cos \frac{\sqrt{3}}{2}x + C_2 e^{-\frac{1}{2}x} \sin \frac{\sqrt{3}}{2}x$$

である。

❸ 特性方程式が虚数解をもつとき

2 階の定数係数線形同次微分方程式

$$y''+py'+qy = 0 \quad \cdots\cdots ①$$

に対して，特性方程式

$$\lambda^2+p\lambda+q = 0$$

が異なる 2 虚数解 $a+bi$, $a-bi$ をもてば，①の一般解は，

$$y = C_1 e^{ax} \cos bx + C_2 e^{ax} \sin bx \quad (C_1, C_2 は任意定数)$$

それではこれらのパターンに対応する問題を実際に解いてみよう。

例題 7-1 次の微分方程式の一般解を求めよ。
(1) $y'' - 5y' + 6y = 0$
(2) $y'' - 2y' - 2y = 0$

解答 & 解説

(1) 特性方程式 $\lambda^2 - 5\lambda + 6 = 0$ を解いて
$$\lambda = 2, 3$$
よって、求める一般解は
$$y = C_1 e^{2x} + C_2 e^{3x} \quad (C_1, C_2 \text{ は任意定数}) \quad \cdots\cdots (\text{答})$$

(2) 特性方程式 $\lambda^2 - 2\lambda - 2 = 0$ を解いて
$$\lambda = 1 \pm \sqrt{3}$$
よって、求める一般解は
$$y = C_1 e^{(1+\sqrt{3})x} + C_2 e^{(1-\sqrt{3})x} \quad (C_1, C_2 \text{ は任意定数}) \quad \cdots\cdots (\text{答})$$

● $y = e^{(1+\sqrt{3})x}$ と $y = e^{(1-\sqrt{3})x}$ (黒) および $y = \dfrac{e^{(1+\sqrt{3})x} + e^{(1-\sqrt{3})x}}{2}$ (赤) のグラフ

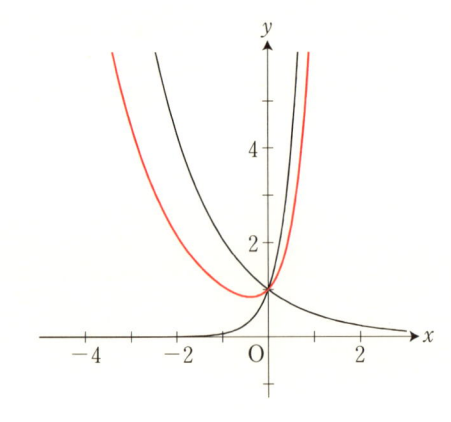

例題 7-2 次の微分方程式の一般解を求めよ。
(1) $y'' - 6y' + 9y = 0$ (2) $y'' - y' + y = 0$

解答&解説

(1) 特性方程式 $\lambda^2 - 6\lambda + 9 = 0$ を解いて
$$\lambda = 3 \quad (重解)$$
よって，求める一般解は
$$y = C_1 e^{3x} + C_2 x e^{3x} \quad (C_1, C_2 は任意定数) \quad \cdots\cdots (答)$$

(2) 特性方程式 $\lambda^2 - \lambda + 1 = 0$ を解いて
$$\lambda = \frac{1 \pm \sqrt{3}\,i}{2}$$
よって，求める一般解は
$$y = C_1 e^{\frac{1}{2}x} \cos\frac{\sqrt{3}}{2}x + C_2 e^{\frac{1}{2}x} \sin\frac{\sqrt{3}}{2}x \quad (C_1, C_2 は任意定数) \quad \cdots\cdots (答)$$

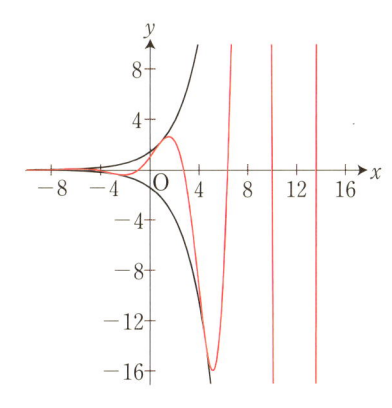

● $y = e^{\frac{1}{2}x}\cos\frac{\sqrt{3}}{2}x + e^{\frac{1}{2}x}\sin\frac{\sqrt{3}}{2}x$ のグラフ

演習問題 7-1

次の微分方程式を与えられた初期条件のもとに解け。
$$y'' - 2y' - 3y = 0 \quad (y(0) = 1, \ y'(0) = 0)$$

解答 & 解説

特性方程式 $\lambda^2 - 2\lambda - 3 = 0$ を解いて
$$(\lambda - 3)(\lambda + 1) = 0$$
$$\therefore \ \lambda = 3, -1$$

よって、一般解は C_1, C_2 を任意定数として
$$y = C_1 e^{3x} + C_2 e^{-x}$$
$$\therefore \ y' = 3C_1 e^{3x} - C_2 e^{-x}$$

それぞれ $x = 0$ を代入し、初期条件を用いれば
$$C_1 + C_2 = 1, \ 3C_1 - C_2 = 0$$
$$\therefore \ C_1 = \frac{1}{4}, \ C_2 = \frac{3}{4}$$

よって、求める解は
$$y = \frac{1}{4}(e^{3x} + 3e^{-x}) \quad \cdots\cdots (\text{答})$$

● $y = \frac{1}{4}(e^{3x} + 3e^{-x})$ のグラフ。$y'(0) = 0$ より $x = 0$ での接線の傾きは 0。

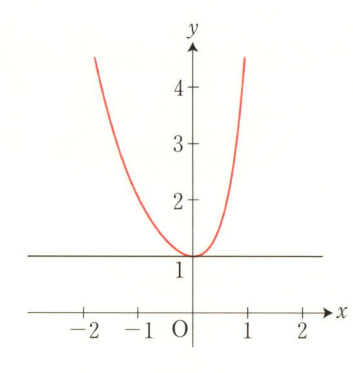

> **定数係数2階線形同次微分方程式 $y''+py'+qy=0$ の解法**
>
> ❶ 判別式 $D=p^2-4q>0$ のとき
>
>   特性方程式 $\lambda^2+p\lambda+q=0$ は異なる2実数解 α, β をもち，一般解は
>
> $$y = C_1 e^{\alpha x} + C_2 e^{\beta x}$$
>
> ❷ 判別式 $D=p^2-4q=0$ のとき
>
>   特性方程式 $\lambda^2+p\lambda+q=(\lambda-\alpha)^2=0$ は重解 α をもち，一般解は
>
> $$y = C_1 e^{\alpha x} + C_2 x e^{\alpha x}$$
>
> ❸ 判別式 $D=p^2-4q<0$ のとき
>
>   特性方程式 $\lambda^2+p\lambda+q=0$ は異なる2虚数解 $a+bi, a-bi$ をもち，一般解は
>
> $$y = C_1 e^{ax} \cos bx + C_2 e^{ax} \sin bx$$

●変数係数2階線形同次微分方程式

今度は同じ2階線形同次方程式でも「係数が x の関数」となるものを考えてみよう。すなわち，

$$y''+p(x)y'+q(x)y = 0 \quad \cdots\cdots ①$$

となるタイプだ。ここでは簡単にするために，$p(x), q(x)$ は連続関数としておこう。

このタイプは，p, q が定数係数のときと違って，残念ながら一般的な解法はない。しかし，**解が1つでも見つかれば解ける**のだ。

またまた登場の定数変化法

ここでも定数変化法が威力を発揮する。具体的な手順は次のようになる。

> 特殊解 $\alpha(x)$ が存在するとして，そこから新たな解 $\beta(x)$ を作るために $\beta(x)=k(x)\alpha(x)$ とおき，もとの微分方程式に代入して，条件を満たす $k(x)$ を求め，$\beta(x)$ を定める。

　それでは，①でそれを試してみよう。簡潔に，$\alpha(x)=\alpha$，$\beta(x)=\beta$，$k(x)=k$，$p(x)=p$，$q(x)=q$ と表すことにするが，これらは x の関数なので注意して欲しい(計算が大変なのでがんばって)。

　まず，$\beta(x)=k(x)\alpha(x)$ すなわち $\beta=k\alpha$ の両辺を x で微分することからはじめよう。積の微分法を繰り返し使って，次の式を得る。

$$\beta' = k'\alpha + k\alpha'$$
$$\beta'' = (k'\alpha + k\alpha')'$$
$$= k''\alpha + k'\alpha' + k'\alpha' + k\alpha''$$
$$= k''\alpha + 2k'\alpha' + k\alpha''$$

これらを①へ代入すれば，次のようになる。

$$(k''\alpha + 2k'\alpha' + k\alpha'') + p(k'\alpha + k\alpha') + qk\alpha = 0 \quad \cdots\cdots ②$$

かなり絶望的な気分になってしまう式だが，ここで使える条件といえば，**$\alpha(x)$ が①の特殊解である**ということだけだから，この②に，

$$\alpha'' + p\alpha' + q\alpha = 0$$

をなんとか見つけようと意識しながら②を見れば，

$$(k''\alpha + 2k'\alpha' + k\alpha'') + p(k'\alpha + k\alpha') + qk\alpha$$
$$= k(\alpha'' + p\alpha' + q\alpha) + k''\alpha + 2k'\alpha' + pk'\alpha$$
$$= k''\alpha + 2k'\alpha' + pk'\alpha = 0$$
$$\therefore \quad k''\alpha + k'(2\alpha' + p\alpha) = 0$$

と簡単にできる。ここで，$u(x)=k'(x)$ とおくと $u'(x)=k''(x)$ だから，

$$u'\alpha + u(2\alpha' + p\alpha) = 0$$

となる。これは $u(x)$ に関する1階の微分方程式なので解くことができる。ここで，両辺を $\alpha u(x)$ で割れば，

$$\frac{u'(x)}{u(x)} = -\left\{2\cdot\frac{\alpha'(x)}{\alpha(x)} + p\right\}$$

と変形できるから，両辺を x で積分すると，

$$\int \frac{u'(x)}{u(x)} \mathrm{d}x = -2\int \frac{\alpha'(x)}{\alpha(x)} \mathrm{d}x - \int p(x) \mathrm{d}x$$

$$\iff \log|u(x)| = -2\log|\alpha(x)| - \int p(x) \mathrm{d}x$$

$$= \log \alpha(x)^{-2} + \log e^{-\int p(x)\mathrm{d}x} = \log \frac{1}{\alpha(x)^2} e^{-\int p(x)\mathrm{d}x}$$

となり，次の式を得る．

$$u(x) = \frac{1}{\alpha(x)^2} e^{-\int p(x)\mathrm{d}x}$$

注 任意定数は不定積分 $\int p(x)\mathrm{d}x$ に取り込んだ．

$u(x) = k'(x)$ とおいたことを思い出せば，もう一度両辺を x で積分することで，なんとか $k(x)$ が求まる．

$$k(x) = \int u(x)\mathrm{d}x = \int \frac{1}{\alpha(x)^2} e^{-\int p(x)\mathrm{d}x} \mathrm{d}x$$

このようにして，最初の微分方程式①は，先にわかっていた解 $\alpha(x)$ のほかに，もう1つの解

$$\beta(x) = k(x)\alpha(x) = \alpha(x)\int \frac{1}{\alpha(x)^2} e^{-\int p(x)\mathrm{d}x} \mathrm{d}x$$

を得ることができる．よってこれらの線形結合である

$$y = C_1\alpha(x) + C_2\beta(x) \quad (C_1, C_2 \text{ は任意定数})$$

が①の一般解となることがわかった．

しかし，この結果を公式として覚えておくのは大変だ．だから，定数変化法として覚えておこう．具体的な形は無理でも，解き方は覚えられるはずだ．

実習問題 7-1 $x^2y'' - xy' + y = 0$ を解け．

解答 & 解説

まず，特殊解をなんとか見つけよう．

とりあえず，x あたりから代入してみる．$(x)' = 1$, $(x)'' = 0$ だから

$$x^2 \cdot 0 - x \cdot 1 + x = 0$$

いきなり当たりだ(笑)。そう，$y=x$ が1つめの特殊解となる。

そこで，**もう1つの解 $y=\beta(x)$ を見つけるために，$\beta(x)=xk(x)$** とおいて微分方程式に代入してみよう。

$$\beta'(x) = (xk)' = k+xk'$$
$$\beta''(x) = (k+xk')' = k'+(xk')' = \boxed{\text{(a)}}$$

となるから，微分方程式へ代入し，

$$x^2(2k'+xk'') - x(k+xk') + (xk) = 0$$
$$\iff 2x^2k' + x^3k'' - xk - x^2k' + xk = 0$$
$$\iff x^3k'' = \boxed{\text{(b)}}$$

この式から $\dfrac{(k')'}{k'} = -\dfrac{1}{x}$ となるので，両辺を x で積分する。

$$\log|k'| = -\log|x| + c_1 = \log\dfrac{e^{c_1}}{|x|}$$

$$\therefore \quad k' = \pm e^{c_1} \cdot \dfrac{1}{x} = \dfrac{c_2}{x} \quad (\text{ただし，}\pm e^{c_1} = c_2)$$

さらに積分すると $k = c_2 \log|x| + c_3$ となるので，もう1つの解は

$$\beta(x) = x(c_2 \log|x| + c_3)$$

さて，求めるべき一般解は $\alpha(x)$ と $\beta(x)$ との線形結合なので，

$$A\alpha(x) + B\beta(x) = Ax + Bx(c_2 \log|x| + c_3)$$
$$= (A+Bc_3)x + Bc_2 x \log|x|$$

と表せる。ここで，x と $x\log|x|$ とはお互い定数倍で表せず1次独立なので，$C_1 = A+Bc_3$，$C_2 = Bc_2$ と置き換えると，一般解は

$$y = C_1 x + C_2 x \log|x| \quad (C_1, C_2 \text{ は任意定数}) \quad \cdots\cdots (\text{答})$$

(a) $2k'+xk''$ (b) $-x^2 k'$

●単振動と減衰振動

単振動

上端を固定したスプリングの先に，質量 m のおもりを取り付けて，振動させるとしよう。

フックの法則により，スプリングにかかる力はその長さの変化に比例する。そこでバネ定数を k，おもりの位置を x(静止位置を 0 とする)とおくと，バネがおもりを初期状態に引っ張る力は $F=-kx$ と表せる(引き戻そうとするのだから，$-k<0$ を x にかけるのである)。

ニュートンの運動方程式によれば，「力」は「質量」と「加速度」の積として，$F=m\dfrac{\mathrm{d}^2 x}{\mathrm{d}t^2}$ となるから，

$$m\frac{\mathrm{d}^2 x}{\mathrm{d}t^2} = -kx$$

この式を変形すれば

$$x'' + \frac{k}{m}x = 0 \quad \cdots\cdots ①$$

という微分方程式ができる。

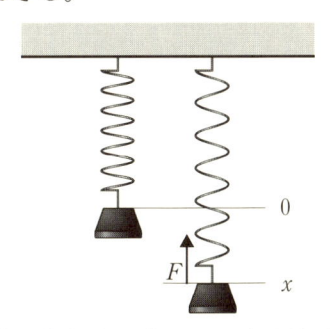

①は2階線形同次微分方程式であるが，わざわざ特性方程式を用いて解かなくても，1次独立な特殊解2つはすぐに求まってしまう。実際，$x''=-\dfrac{k}{m}x$ となることから，

$$x_1 = \sin\sqrt{\frac{k}{m}}t, \ x_2 = \cos\sqrt{\frac{k}{m}}t$$

とおけば，これらが特殊解となることはすぐわかるだろう。

講義07 ●2階線形同次微分方程式——解法編——

よって，微分方程式①の一般解は次の式で与えられる。
$$x = C_1 \sin\sqrt{\frac{k}{m}}t + C_2 \cos\sqrt{\frac{k}{m}}t$$
ここで高校で習った三角関数の合成を適用すると，この解は，
$$x = C_1 \sin\sqrt{\frac{k}{m}}t + C_2 \cos\sqrt{\frac{k}{m}}t = \sqrt{C_1^2 + C_2^2}\sin\left(\sqrt{\frac{k}{m}}t + \phi\right)$$
と1つのsinにまとめられるから，スプリングの先に取り付けられたおもりの上下動は単振動することがわかる。

注 ここで角度 ϕ は $\cos\phi = \dfrac{C_1}{\sqrt{C_1^2 + C_2^2}}$, $\sin\phi = \dfrac{C_2}{\sqrt{C_1^2 + C_2^2}}$ となるものを選ぶんだね。覚えているかな？

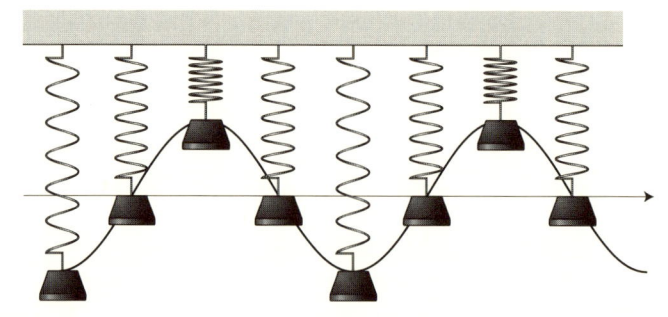

減衰振動

さて，今度はいままさにボヨンボヨーンと単振動しているおもり付きスプリングを，そっとお風呂場にもっていき，ドボンとお湯に入れると考えてみよう。

その場合，振動しようとするおもりに対して，水の抵抗がかかるのだが，それは，

　　　（動きを妨げる）＝（速度を落とす）

ように働きかけられる。

そこで，この抵抗力が，**速度に比例する**と想定してモデルを考えてみよう。

前述のとおり，バネがおもりをもとの位置に戻そうとする力が $-kx$，そこに抵抗力が速度 $\dfrac{dx}{dt}$ の定数倍として $-\mu\dfrac{dx}{dt}$ かかる（$\mu > 0$ とする）。

ここで比例定数が $-\mu$ と負の値なのは，速度方向に対してブレーキをかけるので，その逆を向いているからである。

よって，トータルの力，つまり $F=m\dfrac{d^2x}{dt^2}$ については

$$m\dfrac{d^2x}{dt^2} = -kx - \mu \dfrac{dx}{dt}$$

すなわち，

$$x'' + \dfrac{\mu}{m}x' + \dfrac{k}{m}x = 0 \quad \cdots\cdots ①$$

という2階線形同次微分方程式ができあがる。

①の特性方程式は，

$$\lambda^2 + \dfrac{\mu}{m}\lambda + \dfrac{k}{m} = 0 \quad \cdots\cdots ②$$

であるから，一般解はその判別式

$$D = \left(\dfrac{\mu}{m}\right)^2 - \dfrac{4k}{m} = \dfrac{\mu^2 - 4mk}{m^2}$$

が正，0，負の各場合の3通りに分けられる。

比例定数 μ は，抵抗となる液体 (水とかオイルとか) によって変わり，その液体の「粘性」すなわち粘り具合を表すと考えてよいだろう。②の判別式の符号は $\mu^2 - 4mk$ で決定できるから，**比例定数 μ が，$2\sqrt{mk}$ よりも大きいかどうかで状況が大きく変化する**。

もちろん，μ が大きいほうが粘りが強く，十分大きければ判別式 D は正となる。さて，判別式 D によって，どのような結果を生み出すのか，確かめてみよう。

❶ $\mu^2 - 4mk > 0$ のとき

特性方程式②は次のような異なる2つの実数解 α, β をもつ。

$$\alpha = \dfrac{-\mu - \sqrt{\mu^2 - 4mk}}{2m}, \quad \beta = \dfrac{-\mu + \sqrt{\mu^2 - 4mk}}{2m}$$

この α, β によって，方程式①の一般解は，

$$x(t) = C_1 e^{\alpha t} + C_2 e^{\beta t} \quad (C_1, C_2 \text{ は任意定数})$$

となる。

実例を作ってみよう。時刻 $t=0$ のとき，つまり最初の状態で，おも

りをもって位置 $x=l$ まで引っ張るとすれば，
$$x(0) = C_1 + C_2 = l \quad \cdots\cdots ③$$
となる。

ここから力を加えずに，そっと離すと，速度
$$x'(t) = \alpha C_1 e^{\alpha t} + \beta C_2 e^{\beta t}$$
の初期値は 0 だから
$$x'(0) = \alpha C_1 + \beta C_2 = 0 \quad \cdots\cdots ④$$
よって，③，④を解いて
$$C_1 = \frac{\beta l}{\beta - \alpha}, \quad C_2 = \frac{-\alpha l}{\beta - \alpha}$$
$$\therefore \quad x = l\frac{\beta e^{\alpha t} - \alpha e^{\beta t}}{\beta - \alpha}$$

これをグラフに描くと次のようになる。液体の粘性が大きいので，振動することなく落ち着いていくことが理解できるだろう。

● $l=2$, $m=1$, $\mu=7$, $k=6$ として解いた $x=\frac{12}{5}e^{-t}-\frac{2}{5}e^{-6t}$ のグラフ

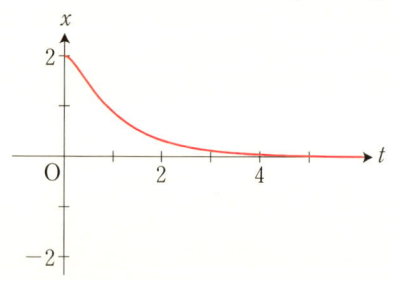

❷ $\mu^2 - 4mk = 0$ のとき（臨界減衰）

$k = \frac{\mu^2}{4m}$ だから，特性方程式 $\lambda^2 + \frac{\mu}{m}\lambda + \frac{k}{m} = 0$ は，
$$\lambda^2 + \frac{\mu}{m}\lambda + \frac{k}{m} = \lambda^2 + \frac{\mu}{m}\lambda + \frac{\mu^2}{4m^2} = \left(\lambda + \frac{\mu}{2m}\right)^2 = 0$$
と変形できるので，重解 $\lambda = -\frac{\mu}{2m}$ をもつ。

よって，方程式①の一般解は，
$$x(t) = C_1 e^{-\frac{\mu}{2m}t} + C_2 t e^{-\frac{\mu}{2m}t}$$
となる。

このとき速度は $x'(t)=\left(-\dfrac{\mu}{2m}C_1+C_2\right)e^{-\frac{\mu}{2m}t}-\dfrac{\mu}{2m}C_2 t e^{-\frac{\mu}{2m}t}$ であり，❶のときと同じ初期条件 $x(0)=l$，$x'(0)=0$ をとれば，

$$\begin{cases} x(0) = C_1 = l & \cdots\cdots ⑤ \\ x'(0) = -\dfrac{\mu}{2m}C_1+C_2 = 0 & \cdots\cdots ⑥ \end{cases}$$

となるので，⑤，⑥を解いて

$$C_1 = l, \quad C_2 = \dfrac{\mu l}{2m}$$

$$\therefore \quad x(t) = \dfrac{l}{2m}(2m+\mu t)e^{-\frac{\mu}{2m}t}$$

これをグラフに描くと次のようになる。❶のときより少し動きがよいので，素早く落ち着く。

● $l=2$，$m=1$，$\mu=2\sqrt{6}$，$k=6$ として解いた $x=2(1+\sqrt{6}\,t)e^{-\sqrt{6}\,t}$ のグラフ（赤）

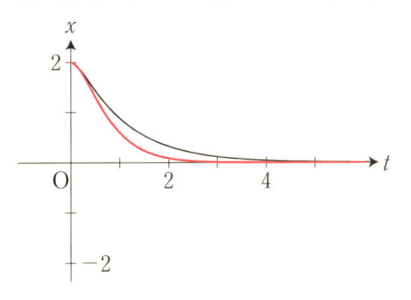

❸ $\mu^2-4mk<0$ のとき

特性方程式①は次のような異なる2虚数解 $\lambda=a\pm bi$ をもつ。

$$a-bi = \dfrac{-\mu-\sqrt{4mk-\mu^2}\,i}{2m}, \quad a+bi = \dfrac{-\mu+\sqrt{4mk-\mu^2}\,i}{2m}$$

よって，

$$a = \dfrac{-\mu}{2m}, \quad b = \dfrac{\sqrt{4mk-\mu^2}}{2m}$$

であり，方程式①の一般解は，

$$x(t) = C_1 e^{at}\cos bt + C_2 e^{at}\sin bt$$

となり，単振動のときと同様に「三角関数の合成」を用いれば，

$$x(t) = \sqrt{C_1^2+C_2^2}\,e^{at}\sin(bt+\phi)$$

とまとめることができる。

これを❶，❷のときと同様に，初期条件 $x(0)=l$，$x'(0)=0$ のもとで任意定数を定めれば，$C_1=l$，$C_2=-\dfrac{a}{b}l$ となり，①の解は，

$$x(t) = \dfrac{l}{b}\sqrt{a^2+b^2}\, e^{at} \sin(bt+\phi)$$

となる。

これをグラフに描くと次のようになる。❶や❷のように液体の粘性があまり大きくないので，減衰しながらも振動を続け，やがて収束していくのがわかる。

● $l=2$，$m=1$，$\mu=1$，$k=5$ として解いた $x=2e^{-\frac{t}{2}}\cos\dfrac{\sqrt{19}}{2}t+\dfrac{2}{\sqrt{19}}e^{-\frac{t}{2}}\sin\dfrac{\sqrt{19}}{2}t$ のグラフ（赤）

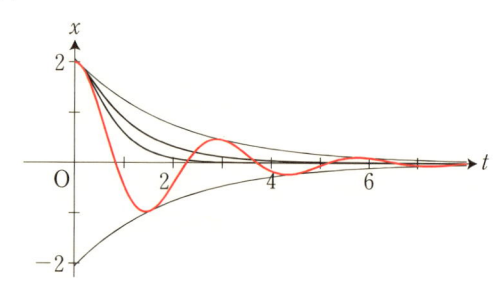

LECTURE 08 2階線形非同次微分方程式

●同次方程式と非同次方程式

2階線形**非同次**微分方程式とは,

$$y'' + Py' + Qy = R \quad \cdots\cdots ①$$

となるもので,**R が恒等的には 0 にならない**ものをいう。ここで,P, Q, R は定数または x の連続関数とする。

この方程式は,実は 75 ページで述べた 1 階線形微分方程式 $y' + py = q$ とよく似た性質をもっている。すなわち,**もし,特殊解 $\alpha(x)$ が見つかれば**,その分だけ「ずらして」,同次形に変形できる。

同次形と非同次形との関係

ここで $y'' + Py' + Qy = R$ を満たす特殊解 $\alpha(x)$ が見つかっているとしよう。このとき $\alpha(x)$ を微分方程式①に代入しても成り立つのだから,もとの方程式と並べると,

$$\begin{cases} y''(x) + Py'(x) + Qy(x) = R \\ \alpha''(x) + P\alpha'(x) + Q\alpha(x) = R \end{cases}$$

となる。そしてこの辺々を引くことにより,

$$\begin{array}{rcrcrcl} & y''(x) & + & Py'(x) & + & Qy(x) & = R \\ -) & \alpha''(x) & + & P\alpha'(x) & + & Q\alpha(x) & = R \\ \hline \end{array}$$
$$\{y''(x) - \alpha''(x)\} + P\{y'(x) - \alpha'(x)\} + Q\{y(x) - \alpha(x)\} = 0$$

となるから,

$$Y(x) = y(x) - \alpha(x)$$

とおけば,

$$Y'(x) = y'(x) - α'(x), \quad Y''(x) = y''(x) - α''(x)$$

より，もとの方程式は，

> $$\boldsymbol{Y''(x) + PY'(x) + QY(x) = 0}$$

と書き換えることができ，もとの方程式において $R=0$ とする形の 2 階線形同次微分方程式が得られるのだ．すなわち，

> 非同次な $y''+Py'+Qy=R$ は，y を特殊解 $α$ の分だけずらして $Y=y-α$ と置き換えれば，同次微分方程式 $Y''+PY'+QY=0$ にできる

のである．

このように，非同次方程式 $y''+Py'+Qy=R$ に対して同次方程式 $y''+Py'+Qy=0$ は特別な関係にある．そこで次のように定める．

> $y''+Py'+Qy=0$ を $y''+Py'+Qy=R$ の**補助方程式**と呼ぶ．

前講で学んだように，**2 階線形同次微分方程式** $y''+Py'+Qy=0$ は，すべてに対応する必勝の解法はないが，定数係数であれば特性方程式によって簡単に解くことができる．また，変数係数であっても，特殊解を 1 つ見つければ解くことができる．すなわち

> $y''+Py'+Qy=0$ の一般解は，1 次独立な 2 つの特殊解 $f_1(x)$，$f_2(x)$ および任意定数 C_1, C_2 によって
> $$y = C_1 f_1(x) + C_2 f_2(x)$$
> と表せる

ので，次のようにまとめることができる．

> $y''+Py'+Qy=R$ の一般解は，その特殊解 $y=α(x)$ および補助方程式 $y''+Py'+Qy=0$ の一般解 $C_1 f_1(x) + C_2 f_2(x)$ を用いて，
> $$y = C_1 f_1(x) + C_2 f_2(x) + α(x)$$
> と表せる．

つまり，補助方程式の一般解ともとの方程式の特殊解の和が求める方程式の一般解となる。この**補助方程式の一般解**のことを**余関数**と呼ぶ。

余関数

$y'' + Py' + Qy = R$ の補助方程式 $y'' + Py' + Qy = 0$ の一般解 $C_1 f_1(x) + C_2 f_2(x)$ を**余関数**と呼ぶ。

●特殊解を求める1——未定係数法

以上から，$y'' + Py' + Qy = R$ を解くためには特殊解を見つけ，補助方程式 $y'' + Py' + Qy = 0$ を解き，余関数を求めればよいとわかる。

補助方程式の係数が定数，すなわち $y'' + py' + qy = 0$（p, q は定数）という方程式となれば簡単に一般解を求めることができる。だから方程式

$$y'' + py' + qy = R \quad \cdots\cdots ①$$

の一般解を求めるためには，その特殊解 $\alpha(x)$ を見つければよい。では，どうやって見つけるのか。一番安直なのは，**R の形から計算を読む**ことで，「このような関数が特殊解ではないか？」と予想を立てて代入し，当たれば解とする方法がある。

これを**未定係数法**と呼ぶ。特殊解の置き方はおおむね次のようになる。

❶ R が n 次多項式のとき $y'' + py' + qy = $（**$n$ 次式**）	$\alpha(x) = $（**$n$ 次式**）**とおいてみる**。 $q=0$ なら $n+1$ 次とする。
❷ R が指数関数のとき $y'' + py' + qy = Ae^{kx}$	$\alpha(x) = ae^{kx}$ **とおいてみる**。ダメなら $\alpha(x) = axe^{kx}$，さらにダメなら $\alpha(x) = ax^2 e^{kx}$ とする。
❸ R が三角関数のとき $y'' + py' + qy$ $= A\sin bx + B\cos bx$	$\alpha(x) = m\sin bx + n\cos bx$ **とおいてみる**。ダメなら，$\alpha(x) = x(m\sin bx + n\cos bx)$ とする。

それでは，それぞれのケースについて具体的に解説していこう。

❶ R が n 次多項式のとき

多項式を微分しても多項式になる。多項式を定数倍して足しても多項式だ。しかも，y が n 次であれば，y' は $n-1$ 次，y'' は $n-2$ 次になる。ということは，y が n 次式で $q \neq 0$ であれば，

$$y'' + py' + qy = (n \text{ 次式}) \quad \cdots\cdots ①$$

の形になるので，逆にこの形の方程式は $a(x) = (n\text{ 次式})$ を解にもつだろうと予想できるわけだ。

それでは，$q = 0$ であればどうだろうか。話は簡単だ。繰り返すが，y が n 次なら，y' は $n-1$ 次，y'' は $n-2$ 次なのだから，

$$y'' + py' = (n-1 \text{ 次式}) \quad \cdots\cdots ②$$

となるのである。

❷ R が指数関数のとき

e^{kx} は微分してもまた e^{kx} が現れる。だから，それらを定数倍して加えても e^{kx} が現れると考えられる。よって，

$$y'' + py' + qy = Ae^{kx} \quad \cdots\cdots ③$$

の形をした方程式は，やはり $a(x) = ae^{kx}$ という形をした特殊解をもつ可能性があるといえるのだ。

ところが，1つ問題がある。やっかいなことに，この e^{kx} はこの方程式③の補助方程式 $y'' + py' + qy = 0$ でもこの形の解をもつことがある。つまり，この補助方程式の特性方程式 $\lambda^2 + p\lambda + q = 0$ が $\lambda = k$ を解にもつと，e^{kx} は補助方程式の解となって③の左辺 $y'' + py' + qy$ を 0 にしてしまい，この e^{kx} は③の特殊解にならなくなってしまう。

ではどうするか。この場合は，**特殊解を $a(x) = axe^{kx}$ とおいてしま**えばよいのだ。これは覚えよう。

ところが，まだ問題が解決しないことがある。補助方程式の特性方程式が重解をもつような場合，例えば，

$$y'' - 2ay' + a^2 = Ae^{ax} \quad \cdots\cdots ④$$

講義08 ●2階線形非同次微分方程式

などの場合だ。④の補助方程式 $y''-2\alpha y'+\alpha^2=0$ の特性方程式 $\lambda^2-2\alpha\lambda+\alpha^2=(\lambda-\alpha)^2=0$ が重解 $\lambda=\alpha$ をもつから，$e^{\alpha x}$ だけでなく $xe^{\alpha x}$ も解にもってしまう（138 ページ）。したがって，$ae^{\alpha x}$ も $axe^{\alpha x}$ も④の特殊解とならないのだ。

ではどうするか。この場合も覚えよう。今度は**特殊解 $a(x)=ax^2e^{kx}$ を試すとよい**のだ。

❸ R が三角関数のとき

ここまで来ると要領がつかめたと思う。今度は $R=A\sin bx+B\cos bx$ となる場合を解説しよう。すなわち，

$$y''+py'+qy = A\sin bx+B\cos bx \quad \cdots\cdots ⑤$$

のときを考える。

三角関数は微分しても三角関数となる。つまり，$\sin bx$ を微分すると $b\cos bx$ になり，$\cos bx$ を微分すると $-b\sin bx$ になるので，⑤の特殊解としては自由度を考慮して，

$$a(x) = m\sin bx+n\cos bx \quad \cdots\cdots ⑥$$

の形におけばうまくいきそうである。❶，❷と同様に微分方程式に代入して 2 つの定数 m, n を決定すればよい。

ただ，ここでも❷と同じ問題が生じる。つまり，⑤の補助方程式 $y''+Py'+Qy=0$ の一般解が $y=C_1\cos bx+C_2\sin bx$ の形の場合，⑥と重なってしまい，⑥が⑤の左辺を 0 にして特殊解にならなくなることがあるのだ。

注 143 ページ参照。補助方程式 $y''+Py'+Qy=0$ について，特性方程式 $\lambda^2+p\lambda+q=0$ が虚数解 $\lambda=a\pm bi (b\neq 0)$ をもつとき，この補助方程式は一般解 $y=C_1e^{ax}\cos bx+C_2e^{ax}\sin bx$ をもつ。ここで，特に $a=0$，すなわちこの虚数解が $\lambda=\pm bi$ の形だと，この補助方程式の一般解は $C_1\cos bx+C_2\sin bx$ の形で表せてしまうので，$m\sin bx+n\cos bx$ と重なるのだ。

もっとも，その場合は❷のときと同じように，

$$a(x) = x(m\sin bx+n\cos bx)$$

とおけばよい。これも覚えよう。

例題 8-1 次の微分方程式を解け。

(1) $y'' + y' - 2y = 2x^2 - 4x - 1$ (2) $y'' - 2y' = 2x - 4$
(3) $y'' - 3y' + 2y = 3e^{-x}$
(4) $6y'' - 5y' + y = -13\sin 2x - 33\cos 2x$
(5) $y'' + 4y = 2\sin 2x + 3\cos 2x$

解答&解説 (1) 右辺は2次式であるから，2次式の特殊解をもつと予想できる。そこで，特殊解 $a(x)$ を $a(x) = ax^2 + bx + c$ とおくと

$$a'' + a' - 2a = (ax^2 + bx + c)'' + (ax^2 + bx + c)' - 2(ax^2 + bx + c)$$
$$= 2a + (2ax + b) - 2(ax^2 + bx + c)$$
$$= -2ax^2 + 2(a-b)x + 2a + b - 2c = 2x^2 - 4x - 1$$

係数を比較して

$$-2a = 2, \quad 2(a-b) = -4, \quad 2a + b - 2c = -1$$
$$\therefore \quad a = -1, \quad b = 1, \quad c = 0$$

よって，この方程式の特殊解として，$a(x) = -x^2 + x$ が見つかる。
さて，はじめの方程式の補助方程式

$$y'' + y' - 2y = 0$$

の特性方程式 $\lambda^2 + \lambda - 2 = 0$ の解は $\lambda = -2, 1$ だから，余関数は，$C_1 e^{-2x} + C_2 e^x$ となり，求める方程式の一般解は

$$y = C_1 e^{-2x} + C_2 e^x - x^2 + x \quad (C_1, C_2 \text{は任意定数}) \quad \cdots\cdots(答)$$

● $y = \dfrac{1}{2}e^{-2x} + \dfrac{1}{2}e^x - x^2 + x$ のグラフ(赤)

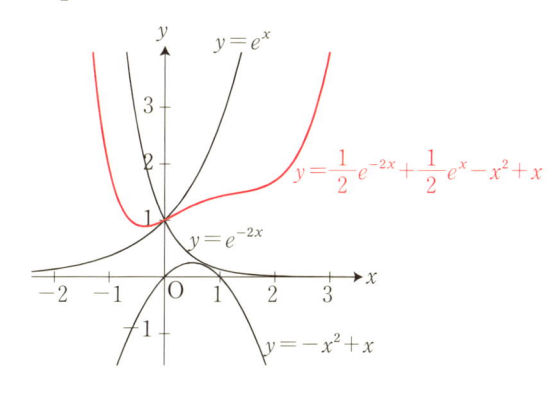

(2) 右辺は1次式だから，2次の特殊解をもつと予測できる。そこで，特殊解を $a(x) = ax^2 + bx + c$ とおくと

$$a'' - 2a' = (ax^2 + bx + c)'' - 2(ax^2 + bx + c)'$$
$$= 2a - 2(2ax + b)$$
$$= -4ax + 2a - 2b$$

係数を比較して

$$-4a = 2, \quad 2a - 2b = -4$$
$$\therefore \quad a = -\frac{1}{2}, \quad b = \frac{3}{2}$$

c は任意なので $c=0$ でもよく，この方程式の特殊解として，$a(x) = -\frac{1}{2}x^2 + \frac{3}{2}x$ が見つかる。

さて，はじめの方程式の補助方程式

$$y'' - 2y' = 0$$

の特性方程式 $\lambda^2 - 2\lambda = 0$ の解は $\lambda = 2, 0$ だから，余関数は，$C_1 e^{2x} + C_2$ となり ($e^{0x} = e^0 = 1$ だ)，求める一般解は

$$y = C_1 e^{2x} + C_2 - \frac{1}{2}x^2 + \frac{3}{2}x \quad (C_1, C_2 \text{は任意定数}) \quad \cdots\cdots \text{(答)}$$

(3) 特殊解を $a(x) = ae^{-x}$ とおくと

$$a'' - 3a' + 2a = (ae^{-x})'' - 3(ae^{-x})' + 2(ae^{-x})$$
$$= ae^{-x} + 3ae^{-x} + 2ae^{-x}$$
$$= 6ae^{-x}$$

係数を比較して

$$6a = 3$$
$$\therefore \quad a = \frac{1}{2}$$

よって，この方程式の特殊解として，$a(x) = \frac{1}{2}e^{-x}$ が見つかる。

さて，はじめの方程式の補助方程式

$$y'' - 3y' + 2y = 0$$

の特性方程式 $\lambda^2 - 3\lambda + 2 = 0$ は解 $\lambda = 1, 2$ だから，余関数は，$C_1 e^{2x} + C_2 e^x$ となり，求める一般解は

$$y = C_1 e^{2x} + C_2 e^x + \frac{1}{2} e^{-x} \quad (C_1, C_2 \text{ は任意定数}) \quad \cdots\cdots \text{(答)}$$

(4) 右辺は三角関数だから，三角関数の特殊解をもつと予想できる。そこで特殊解を $a(x) = m\sin 2x + n\cos 2x$ とおくと

$$6a'' - 5a' + a = (-23m + 10n)\sin 2x + (-10m - 23n)\cos 2x$$

係数を比較して，

$$-23m + 10n = -13, \quad -10m - 23n = -33$$

$$\therefore \quad m = 1, \ n = 1$$

よって，この方程式の特殊解として，$a(x) = \sin 2x + \cos 2x$ が見つかる。

さて，はじめの方程式の補助方程式

$$6y'' - 5y' + y = 0$$

の特性方程式 $6\lambda^2 - 5\lambda + 1 = 0$ の解は $\lambda = \frac{1}{2}, \frac{1}{3}$ だから，余関数は，$C_1 e^{\frac{1}{2}x} + C_2 e^{\frac{1}{3}x}$ となり，求める一般解は

$$y = C_1 e^{\frac{1}{2}x} + C_2 e^{\frac{1}{3}x} + \sin 2x + \cos 2x \quad (C_1, C_2 \text{ は任意定数}) \quad \cdots\cdots \text{(答)}$$

● $y = e^{\frac{1}{2}x} + e^{\frac{1}{3}x} + \sin 2x + \cos 2x$ のグラフ（赤）

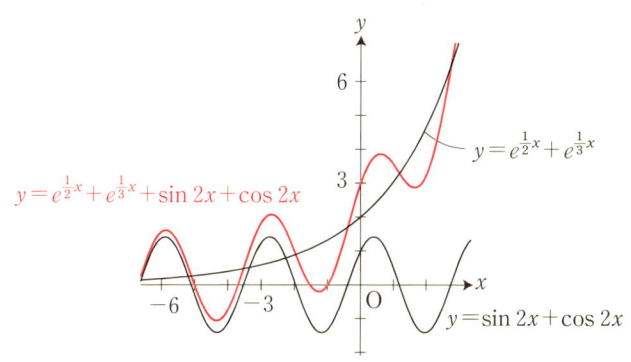

(5) 補助方程式 $y'' + 4y = 0$ の特性方程式は $\lambda^2 + 4 = 0$ となり，その解は $\lambda = \pm 2i$ なので，余関数は $C_1 \cos 2x + C_2 \sin 2x$ となる。

ここで特殊解として $a(x) = m\sin 2x + n\cos 2x$ を微分方程式へ代入しても左辺は 0 となり，この形の特殊解は存在しない。そこで，特殊解として，

$$a(x) = x(m\sin 2x + n\cos 2x)$$

とおいてみよう。
$$a''(x) = \{m\sin 2x + n\cos 2x + x(2m\cos 2x - 2n\sin 2x)\}'$$
$$= 2m\cos 2x - 2n\sin 2x + 2m\cos 2x - 2n\sin 2x$$
$$\quad + x(-4m\sin 2x - 4n\cos 2x)$$
$$= 4(m\cos 2x - n\sin 2x) - 4x(m\sin 2x + n\cos 2x)$$

なので，
$$a''(x) + 4a(x)$$
$$= 4(m\cos 2x - n\sin 2x) - 4x(m\sin 2x + n\cos 2x)$$
$$\quad + 4x(m\sin 2x + n\cos 2x)$$
$$= -4n\sin 2x + 4m\cos 2x$$

係数を比較して
$$-4n = 2,\ 4m = 3$$
$$\therefore\ m = \frac{3}{4},\ n = -\frac{1}{2}$$

よって，特殊解として，
$$a(x) = \frac{3}{4}x\sin 2x - \frac{1}{2}x\cos 2x$$
が見つかる。

以上より，余関数と特殊解をあわせて，求める一般解は
$$y = C_1\cos 2x + C_2\sin 2x + \frac{3}{4}x\sin 2x - \frac{1}{2}x\cos 2x$$
$$(C_1, C_2 \text{は任意定数})\quad \cdots\cdots (\text{答})$$

●特殊解を求める2 ── 定数変化法

さて，未定係数法は「適当に予測を立てて代入する」という，実に楽観的というか，お気楽な方法なので，まったく歯が立たない方程式はいくらでもある。それでは，ほかにどんな方法があるだろうか。

R が恒等的に 0 とはならないとき（定数でも，x の関数でもよい），方程式
$$y''(x) + Py'(x) + Qy(x) = R \quad \cdots\cdots ①$$
に対して，方程式

$$y''(x) + Py'(x) + Qy(x) = 0 \quad \cdots\cdots ②$$
はさまざまな情報を提供してくれるが，なんと②の 1 次独立な 2 解がわかれば，そこから①の特殊解を作り出すことができるのだ！

実はここでも**定数変化法**が使える。今度は次のような手順になる。すなわち，

> ②の 1 次独立な 2 解 $f_1(x)$ と $f_2(x)$ に対して，①の解が
> $$C_1(x)f_1(x) + C_2(x)f_2(x)$$
> の形で表せると仮定し，①へ代入して成り立つような関数 $C_1(x)$, $C_2(x)$ を定める

のである。とはいえ，ただ代入するだけではうまくいかない。実際にやってみるとわかるが，式が複雑になってどうにも手に負えなくなる。そこで，コツが必要になる。それは，

> $$C_1'(x)f_1(x) + C_2'(x)f_2(x) = 0 \quad \cdots\cdots ③$$
> も満たすように $C_1(x), C_2(x)$ を定める

という手法だ。

「そのように勝手に決めていいの？」と思うかもしれないが，いまはなんでもいいからもとの方程式①の特殊解を 1 つ作ろうとしているので，このようにして解が作れればいいのだ。そして，実際このようにすると簡単になるのは，これから見てもらえばわかる。

それでは，
$$y = C_1(x)f_1(x) + C_2(x)f_2(x)$$
がもとの方程式
$$y''(x) + Py'(x) + Qy(x) = R \quad \cdots\cdots ①$$
の解であるとし，①に代入するための準備として y' と y'' を計算しよう。ここで，
$$y' = C_1'(x)f_1(x) + C_1(x)f_1'(x) + C_2'(x)f_2(x) + C_2(x)f_2'(x)$$
となるが，これをさらに微分するのは大変だ。そこで先ほどのウマイ条件

$$C_1'(x)f_1(x) + C_2'(x)f_2(x) = 0 \quad \cdots\cdots ③$$

を用いると，

$$y' = C_1(x)f_1'(x) + C_2(x)f_2'(x) \quad \cdots\cdots ④$$

となる。

　腑に落ちないという人がいっぱいいそうだけれども，先ほども解説したように，このようにして特殊解が1つでも見つかれば，それでいいのだ。「なぜ，このようにおくのだろう？」と止まってはいけない。**このようにするとうまくいくことを，これから確かめればいいの**だ。

　④を再度微分すると，

$$y'' = C_1'(x)f_1'(x) + C_1(x)f_1''(x) + C_2'(x)f_2'(x) + C_2(x)f_2''(x) \quad \cdots\cdots ⑤$$

となるが，今度は③の条件は使えないから，そのままにしておく。いよいよこれら④と⑤を①へ代入してみよう。

$$\begin{aligned}
&y''(x) + Py'(x) + Qy(x) \\
&= \{C_1'(x)f_1'(x) + C_1(x)f_1''(x) + C_2'(x)f_2'(x) + C_2(x)f_2''(x)\} \\
&\quad + P\{C_1(x)f_1'(x) + C_2(x)f_2'(x)\} + Q\{C_1(x)f_1(x) + C_2(x)f_2(x)\} \\
&= C_1(x)\{f_1''(x) + Pf_1'(x) + Qf_1(x)\} + C_2(x)\{f_2''(x) + Pf_2'(x) + Qf_2(x)\} \\
&\quad + C_1'(x)f_1'(x) + C_2'(x)f_2'(x) \\
&= C_1'(x)f_1'(x) + C_2'(x)f_2'(x) = R
\end{aligned}$$

　この式変形で，なにが起こっているかというと，もともと $f_1(x)$ と $f_2(x)$ は，

$$y''(x) + Py'(x) + Qy(x) = 0 \quad \cdots\cdots ②$$

の1次独立な2つの解だから，

$$f_1''(x) + Pf_1'(x) + Qf_1(x) = 0 \quad かつ \quad f_2''(x) + Pf_2'(x) + Qf_2(x) = 0$$

が成り立つので，それをうまく利用したというわけだ。

　その結果，次のようになる。

$$C_1'(x)f_1'(x) + C_2'(x)f_2'(x) = R$$

これと先ほどのウマイ条件③とを並べてみよう。

$$\begin{cases} C_1'(x)f_1(x) + C_2'(x)f_2(x) = 0 \\ C_1'(x)f_1'(x) + C_2'(x)f_2'(x) = R \end{cases} \quad \cdots\cdots ⑥$$

　これは連立1次方程式だよね。いま何をしているかというと，$f_1(x)$

と $f_2(x)$ を用いて $C_1(x)$ と $C_2(x)$ を作り出そうとしているわけだ。よって，連立1次方程式⑥を解けば，$C_1'(x)$ と $C_2'(x)$ は求まるということなんだ。また，⑥を解くには，行列を使って書き換えれば，

$$\begin{pmatrix} f_1(x) & f_2(x) \\ f_1'(x) & f_2'(x) \end{pmatrix} \begin{pmatrix} C_1'(x) \\ C_2'(x) \end{pmatrix} = \begin{pmatrix} 0 \\ R \end{pmatrix}$$

と表せる。ところで，左端の行列は見たことあるよね。なんと，この行列の行列式 $W(f_1, f_2) = \begin{vmatrix} f_1(x) & f_2(x) \\ f_1'(x) & f_2'(x) \end{vmatrix}$ はロンスキアンだ。もちろん，$f_1(x)$ と $f_2(x)$ は1次独立なので，このロンスキアンは0にはならない。だから，逆行列が存在して，この連立方程式は解ける。実にうまくできてるね。

そこで，見やすくするために $W = W(f_1, f_2)$ と表すことにすれば，行列 $\begin{pmatrix} f_1(x) & f_2(x) \\ f_1'(x) & f_2'(x) \end{pmatrix}$ の逆行列は，

$$\begin{pmatrix} f_1(x) & f_2(x) \\ f_1'(x) & f_2'(x) \end{pmatrix}^{-1} = \frac{1}{\begin{vmatrix} f_1(x) & f_2(x) \\ f_1'(x) & f_2'(x) \end{vmatrix}} \begin{pmatrix} f_2'(x) & -f_2(x) \\ -f_1'(x) & f_1(x) \end{pmatrix}$$

$$= \frac{1}{W} \begin{pmatrix} f_2'(x) & -f_2(x) \\ -f_1'(x) & f_1(x) \end{pmatrix}$$

となるから，$C_1'(x)$ と $C_2'(x)$ は，

$$\begin{pmatrix} C_1'(x) \\ C_2'(x) \end{pmatrix} = \frac{1}{W} \begin{pmatrix} f_2'(x) & -f_2(x) \\ -f_1'(x) & f_1(x) \end{pmatrix} \begin{pmatrix} 0 \\ R \end{pmatrix} = \frac{1}{W} \begin{pmatrix} -Rf_2(x) \\ Rf_1(x) \end{pmatrix}$$

となる。

ここで注意したいのは，W も R も x の関数であるということだ。だから，次のように表すほうがよいかもしれない。

$$C_1'(x) = -\frac{R(x)f_2(x)}{W(x)}, \quad C_2'(x) = \frac{R(x)f_1(x)}{W(x)}$$

よって，これらを積分すれば

$$C_1(x) = -\int \frac{R(x)f_2(x)}{W(x)} dx, \quad C_2(x) = \int \frac{R(x)f_1(x)}{W(x)} dx$$

が得られるというわけだ。これでもとの方程式
$$y''(x)+Py'(x)+Qy(x) = R \quad \cdots\cdots ①$$
の特殊解として，
$$y = a(x) = C_1(x)f_1(x)+C_2(x)f_2(x)$$
を作ることができた。

それでは，①の一般解はどうなるかというと，
$$y''(x)+Py'(x)+Qy(x) = 0 \quad \cdots\cdots ②$$
の一般解が任意定数 c_1, c_2 を用いて，$c_1f_1(x)+c_2f_2(x)$ と表せるとすると，そこに $a(x)$ を加えて，
$$c_1f_1(x)+c_2f_2(x)+a(x) = c_1f_1(x)+c_2f_2(x)+C_1(x)f_1(x)+C_2(x)f_2(x)$$
$$= \{C_1(x)+c_1\}f_1(x)+\{C_2(x)+c_2\}f_2(x)$$
となるが，$C_1(x) = -\int \dfrac{R(x)f_2(x)}{W(x)}dx$ や $C_2(x) = \int \dfrac{R(x)f_1(x)}{W(x)}dx$ はもともと不定積分だから，任意定数 c_1, c_2 はこれらに含むものとすると，

$$C_1(x)+c_1 = -\int \dfrac{R(x)f_2(x)}{W(x)}dx$$

$$C_2(x)+c_2 = \int \dfrac{R(x)f_1(x)}{W(x)}dx$$

と表してよい。

以上をまとめると，次のようになる。

■ 定数変化法による一般解の決定

補助方程式 $y''(x)+Py'(x)+Qy(x)=0$ の1次独立な特殊解 $f_1(x), f_2(x)$ が求まっているとき，$y''(x)+Py'(x)+Qy(x)=R$ の一般解は，$W(x) = \begin{vmatrix} f_1(x) & f_2(x) \\ f_1'(x) & f_2'(x) \end{vmatrix}$ として，

$$y = -f_1(x)\int \dfrac{R(x)f_2(x)}{W(x)}dx + f_2(x)\int \dfrac{R(x)f_1(x)}{W(x)}dx$$

となる。

演習問題 8-1 $y''-3y'+2y=x$ を**定数変化法を用いて**解け。

解答&解説

まず，補助方程式 $y''-3y'+2y=0$ を解こう。

特性方程式は $\lambda^2-3\lambda+2=0$ なので，これを解いて
$$\lambda = 1, 2$$
よって，1次独立な2つの解は，e^x, e^{2x} となる。

さて，もとの微分方程式の解として，
$$y = C_1(x)e^x + C_2(x)e^{2x} \quad \cdots\cdots ①$$
が
$$C_1'(x)e^x + C_2'(x)e^{2x} = 0 \quad \cdots\cdots ②$$
を満たすとき，①の両辺を微分して，
$$y' = C_1'(x)e^x + C_1(x)e^x + C_2'(x)e^{2x} + 2C_2(x)e^{2x}$$
$$= C_1(x)e^x + 2C_2(x)e^{2x}$$
もう一度，微分して
$$y'' = \{C_1'(x)+C_1(x)\}e^x + \{2C_2'(x)+4C_2(x)\}e^{2x}$$
もとの微分方程式へ代入すると，
$$y''-3y'+2y = \{C_1'(x)+C_1(x)\}e^x + \{2C_2'(x)+4C_2(x)\}e^{2x}$$
$$\qquad -3\{C_1(x)e^x + 2C_2(x)e^{2x}\} + 2\{C_1(x)e^x + C_2(x)e^{2x}\}$$
$$= C_1'(x)e^x + 2C_2'(x)e^{2x}$$
となり，これが x と等しくなるので
$$C_1'(x)e^x + 2C_2'(x)e^{2x} = x \quad \cdots\cdots ③$$
②，③から
$$\begin{cases} C_1'(x)e^x + C_2'(x)e^{2x} = 0 \\ C_1'(x)e^x + 2C_2'(x)e^{2x} = x \end{cases}$$
これを行列で表すと

$$\begin{pmatrix} e^x & e^{2x} \\ e^x & 2e^{2x} \end{pmatrix} \begin{pmatrix} C_1'(x) \\ C_2'(x) \end{pmatrix} = \begin{pmatrix} 0 \\ x \end{pmatrix} \quad \cdots\cdots ④$$

ここで，

$$\begin{pmatrix} e^x & e^{2x} \\ e^x & 2e^{2x} \end{pmatrix}^{-1} = \frac{1}{2e^{3x}-e^{3x}} \begin{pmatrix} 2e^{2x} & -e^{2x} \\ -e^x & e^x \end{pmatrix} = \begin{pmatrix} 2e^{-x} & -e^{-x} \\ -e^{-2x} & e^{-2x} \end{pmatrix}$$

なので，④の両辺に左側からこの逆行列をかけると，

$$\begin{pmatrix} C_1'(x) \\ C_2'(x) \end{pmatrix} = \begin{pmatrix} 2e^{-x} & -e^{-x} \\ -e^{-2x} & e^{-2x} \end{pmatrix} \begin{pmatrix} 0 \\ x \end{pmatrix} = \begin{pmatrix} -xe^{-x} \\ xe^{-2x} \end{pmatrix}$$

となる。よって，この両辺を積分すれば

$$\begin{cases} C_1(x) = -\int xe^{-x}\,\mathrm{d}x = (x+1)e^{-x} + c_1 \\ C_2(x) = \int xe^{-2x}\,\mathrm{d}x = -\frac{1}{4}(2x+1)e^{-2x} + c_2 \end{cases}$$

これらを①に代入すると，求める一般解は

$$y = \{(x+1)e^{-x} + c_1\}e^x + \left\{-\frac{1}{4}(2x+1)e^{-2x} + c_2\right\}e^{2x}$$

$$= c_1 e^x + c_2 e^{2x} + \frac{1}{2}x + \frac{3}{4} \quad (c_1, c_2 \text{ は任意定数}) \quad \cdots\cdots(答)$$

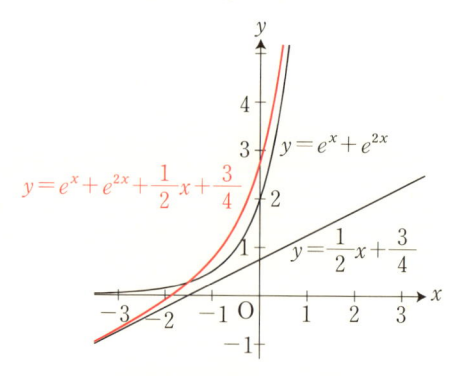

解くとわかるが，この方程式の場合，補助方程式 $y''-3y'+2y=0$ が定数係数で，R にあたる式が x なので，定数変化法より未定係数法を用いたほうが楽だしすっきり解ける。

また，公式

> $y''(x)+Py'(x)+Qy(x)=R$ の一般解は
> $$y = -f_1(x)\int \frac{R(x)f_2(x)}{W(x)}\mathrm{d}x + f_2(x)\int \frac{R(x)f_1(x)}{W(x)}\mathrm{d}x$$

を直接用いてもかまわない(この場合 $f_1(x)=e^x$, $f_2(x)=e^{2x}$, $R(x)=x$)。ここで $W(x)$ は補助方程式の1次独立な特殊解についてのロンスキアンである。

以下は公式を用いた別解である。

別解 補助方程式 $y''-3y'+2y=0$ の1次独立な特殊解は e^x, e^{2x} と求められる。ここで

$$W(e^x, e^{2x}) = \begin{vmatrix} e^x & e^{2x} \\ (e^x)' & (e^{2x})' \end{vmatrix} = \begin{vmatrix} e^x & e^{2x} \\ e^x & 2e^{2x} \end{vmatrix} = 2e^{3x} - e^{3x} = e^{3x}$$

であるから,求める一般解は

$$\begin{aligned}
y &= -e^x \int \frac{xe^{2x}}{e^{3x}}\mathrm{d}x + e^{2x}\int \frac{xe^x}{e^{3x}}\mathrm{d}x \\
&= -e^x \int xe^{-x}\mathrm{d}x + e^{2x}\int xe^{-2x}\mathrm{d}x \\
&= e^x\{(x+1)e^{-x}+c_1\} + e^{2x}\left\{-\frac{1}{4}(2x+1)e^{-2x}+c_2\right\} \\
&= (x+1) + c_1 e^x - \frac{1}{4}(2x+1) + c_2 e^{2x} \\
&= c_1 e^x + c_2 e^{2x} + \frac{1}{2}x + \frac{3}{4} \quad (c_1, c_2 \text{ は任意定数}) \quad \cdots\cdots(\text{答})
\end{aligned}$$

●オイラー方程式

次のような形の2階線形同次方程式を**オイラー方程式**(または**コーシーの方程式**)と呼ぶ。

$$x^2 y'' + axy' + by = 0 \quad \cdots\cdots ①$$

ここで a, b は定数で,話を単純にするために $x>0$ の範囲で考える。まず,①の特殊解がどうなるかを考えてみよう。

y を2回微分した y'' に x^2 をかけたもの,y を1回微分した y' に x をかけたもの,そして y 自身,それらを定数倍した和が0になる,そ

れが①だ。そこで y の次数を考えてみれば，①の特殊解は
$$\alpha(x) = x^k$$
となりそうだ。実際，y が x の k 次式だとすれば，$x^2 y''$ も xy' もまた k 次式となっている。

ここで $\alpha(x) = x^k$ とおき，①の左辺へ代入すると，$\alpha'(x) = kx^{k-1}$，$\alpha''(x) = k(k-1)x^{k-2}$ から
$$\begin{aligned} x^2 \alpha''(x) + ax\alpha'(x) + b\alpha(x) &= k(k-1)x^k + akx^k + bx^k \\ &= \{(k^2 + ak + b) - k\}x^k = 0 \end{aligned}$$

よって，$x > 0$ においては，**$k^2 + ak + b = k$ の解 k に対し $\alpha(x) = x^k$ は①の特殊解**だといえる。

ちなみに，k は実数である必要はなく，虚数でもよい。

❶ $k^2 + ak + b = k$ が異なる2実数解 $k = p, q$ をもつ場合

x^p も x^q も①の特殊解であり，$p \neq q$ であれば x^p と x^q はお互いに定数倍では表せない，つまり1次独立といえるので，①の一般解は
$$y = C_1 x^p + C_2 x^q \quad (C_1, C_2 \text{ は任意定数})$$

❷ $k^2 + ak + b = k$ が重解 $k = p$ をもつ場合

式を変形すると $k^2 + (a-1)k + b = (k-p)^2$ と因数分解できる。ここでこの両辺の係数を比較して
$$a - 1 = -2p, \quad b = p^2$$
すなわち，もとの方程式①は，
$$x^2 y'' + (1-2p)xy' + p^2 y = 0 \quad \cdots\cdots ①'$$
とおける。

さて，$\alpha(x) = x^p$ が特殊解の1つとして求まったが，もう1つ x^p に1次独立な特殊解が必要だ。これを定数変化法で求めよう。すなわち，$\beta(x) = x^p A(x)$ とおき，これが①'の特殊解であるように $A(x)$ を定めるのである。簡潔にするために $\beta = x^p A$ と表す。
$$\begin{aligned} & x^2 \beta'' + (1-2p) x \beta' + p^2 \beta \\ &= x^2 \{x^p A'' + 2px^{p-1} A' + p(p-1)x^{p-2} A\} \\ &\quad + (1-2p) x (x^p A' + px^{p-1} A) + p^2 x^p A \\ &= x^{p+2} A'' + x^{p+1} A' \end{aligned}$$

よって，これが 0 であればよく，$x>0$ から
$$xA''+A' = 0$$
$$\therefore \frac{A''}{A'} = -\frac{1}{x}$$

両辺を積分して
$$\log|A'| = -\log x + c$$

いまは特殊解を 1 つ作ることが目標だから，上の式を満たす A として，$A'>0$ かつ $c=0$ なものは，$\log A' = -\log x = \log \frac{1}{x}$ より
$$A' = \frac{1}{x}$$

よって，A の 1 つとして $A=\log x$ が求められる。

すなわち，もう 1 つの特殊解は
$$\beta(x) = x^p \log x$$

$\alpha(x)$ と $\beta(x)$ はお互いに定数倍では表せない，つまり 1 次独立といえるので，①′の一般解は
$$y = C_1 x^p + C_2 x^p \log x \quad (C_1, C_2 \text{ は任意定数})$$

❸ $k^2+ak+b=k$ が虚数解 $k=p\pm qi$ をもつ場合

ここまでの話の流れから，x^{p+qi} と x^{p-qi} が特殊解ということになるが，「虚数乗とは？」と思うかもしれない。これは複素数の世界に拡張した指数式と考えて欲しい。

2 階線形同次方程式で用いた考え方(139 ページ)をここで応用しよう。思い出して欲しいのは，

> オイラーの定理：$e^{i\theta} = \cos\theta + i\sin\theta$

である。これにより，
$$e^{a+bi} = e^a e^{ib} = e^a(\cos b + i\sin b)$$

と複素数の指数式を表現できる。よって x^{a+bi} を e^z の形にしよう。そのために x と e の関係を想い起こすと $x=e^{\log x}$ が成り立つ。

注 $x=e^r$ とすれば，$\log x = r$ だから $x=e^r=e^{\log x}$ になる。

よって，いま考えるべき特殊解 x^{p+qi} と x^{p-qi} は，

$$x^{p \pm qi} = x^p x^{\pm qi} = x^p (e^{\log x})^{\pm qi} = x^p e^{\pm (q \log x)i}$$
$$= x^p \{\cos (q \log x) \pm i \sin (q \log x)\}$$

となる。

1次独立な特殊解として，
$$x^{p+qi} = x^p \{\cos (q \log x) + i \sin (q \log x)\}$$
$$x^{p-qi} = x^p \{\cos (q \log x) - i \sin (q \log x)\}$$

の2つを得たので，同次方程式でその特性方程式が虚数解をもつときと同じように考えることができる。よって，微分方程式①の一般解は，

$$y = K_1 x^{p+qi} + K_2 x^{p-qi}$$
$$= K_1 x^p \{\cos (q \log x) + i \sin (q \log x)\}$$
$$+ K_2 x^p \{\cos (q \log x) - i \sin (q \log x)\}$$
$$= (K_1 + K_2) x^p \cos (q \log x) + i (K_1 - K_2) x^p \sin (q \log x)$$

となる。

そこで，任意の実数 C_1, C_2 に対して，
$$\begin{cases} C_1 = K_1 + K_2 \\ C_2 = i(K_1 - K_2) \end{cases}$$

となるようにあらかじめ K_1, K_2 を定めておけば，

$$y = C_1 x^p \cos (q \log x) + C_2 x^p \sin (q \log x) \quad (C_1, C_2 \text{ は任意定数})$$

という形の一般解になる。

> **実習問題 8-1** $x>0$ において,次の微分方程式を解け。
> (1) $x^2y'' - 2xy' + 2y = 0$
> (2) $x^2y'' - 3xy' + 4y = 0$

解答&解説

(1) $a(x) = x^k$ が解であるとすると,
$$x^2 a''(x) - 2x a'(x) + 2a(x) = k(k-1)x^k - 2kx^k + 2x^k$$
$$= (k^2 - 3k + 2)x^k = 0$$

よって,$x>0$ から
$$k^2 - 3k + 2 = 0$$

すなわち,$k=1, 2$ となり,特殊解は x および x^2 となる。

これらはお互いに定数倍では表せない,つまり1次独立といえるので,求める一般解は
$$y = \boxed{(a)} \qquad (C_1, C_2 \text{ は任意定数}) \quad \cdots\cdots(答)$$

(2) $a(x) = x^k$ が解であるとすると,
$$x^2 a''(x) - 3x a'(x) + 4a(x) = k(k-1)x^k - 3kx^k + 4x^k$$
$$= (k^2 - 4k + 4)x^k = 0$$

よって,$x>0$ から
$$k^2 - 4k + 4 = 0$$

すなわち,$k=2$(重解)となり,特殊解は x^2 および $x^2 \log x$ となる。

これらはお互いに定数倍では表せない,つまり1次独立といえるので,求める一般解は
$$y = \boxed{(b)} \qquad (C_1, C_2 \text{ は任意定数}) \quad \cdots\cdots(答)$$

注 定数変化法を用いれば,x^2 と $x^2 \log x$ が特殊解であることがわかる。ぜひ,確かめて欲しい。

(a) $C_1 x + C_2 x^2$ (b) $C_1 x^2 + C_2 x^2 \log x$

LECTURE 09 高階線形微分方程式

　ここまで2階の線形微分方程式について述べてきたが，これらの内容をほぼそのままの形で一般の高階線形微分方程式に当てはめることができる。

　一般にn個の要因が絡み合う事象について考察するとき，扱う対象が複雑で考えにくければ，そのモデルケースとなる$n=2$の場合を考えるというのはよく行われることだ。

　身近なものがn次元のベクトル空間で，諸君はその基礎を高校で平面ベクトルとして2次元ベクトル空間から学びはじめた。前講までの2階線形微分方程式で大活躍した2次元ベクトル空間は，n階線形微分方程式においてはn次元ベクトル空間を用いることによって，まったく同様に機能するのである。

● n 階線形微分方程式

　n 階線形微分方程式とは，

$$y^{(n)} + p_{n-1} y^{(n-1)} + \cdots + p_2 y'' + p_1 y' + p_0 y = r \quad \cdots\cdots ①$$

のように，$y, y', y'', \cdots, y^{(n)}$ の1次式からなる微分方程式をいう。ここで$y^{(n)}$はyをxでn回微分したn階導関数である。

　もちろん，係数 $p_0, p_1, p_2, \cdots, p_{n-1}$ が定数ではなくxの関数 $p_0(x), p_1(x), p_2(x), \cdots, p_{n-1}(x)$ となる場合もある（ここでは連続関数としておく）。$p_0, p_1, p_2, \cdots, p_{n-1}$ が定数の場合は**定数係数 n 階線形微分方程式**と呼び，$p_0(x), p_1(x), p_2(x), \cdots, p_{n-1}(x)$ が連続関数のときは**変数係数 n 階線形微分方程式**と呼ぶことにする。

● n 階線形同次微分方程式

本書では簡単な同次の場合のみ扱うことにしよう。2階線形微分方程式(120ページ)のところでも述べたように, ①において右辺 r が恒等的に 0 であるような場合, すなわち,

$$y^{(n)}+p_{n-1}y^{(n-1)}+\cdots+p_2y''+p_1y'+p_0y = 0 \quad \cdots\cdots ②$$

の形の方程式を **n 階線形同次微分方程式** と呼ぶ。線形と名がつく理由は 2 階のときとまったく同様で,

> $y=f_1(x)$ と $y=f_2(x)$ が②の解ならば,
> 線形結合 $c_1f_1(x)+c_2f_2(x)$ もまた解になる

という重要な性質が成り立つからだ。

実際, $y=f_1(x)$ と $y=f_2(x)$ が②の解であるとすれば,

$$\begin{cases} f_1^{(n)}+p_{n-1}f_1^{(n-1)}+\cdots+p_2f_1''+p_1f_1'+p_0f_1 = 0 \\ f_2^{(n)}+p_{n-1}f_2^{(n-1)}+\cdots+p_2f_2''+p_1f_2'+p_0f_2 = 0 \end{cases}$$

が成り立つが, このとき②に $c_1f_1+c_2f_2$ を代入してみると,

$$\begin{aligned}
&(c_1f_1+c_2f_2)^{(n)}+p_{n-1}(c_1f_1+c_2f_2)^{(n-1)}+\cdots+p_1(c_1f_1+c_2f_2)'+p_0(c_1f_1+c_2f_2) \\
&= c_1f_1^{(n)}+c_2f_2^{(n)}+p_{n-1}(c_1f_1^{(n-1)}+c_2f_2^{(n-1)})+\cdots+p_1(c_1f_1'+c_2f_2')+p_0(c_1f_1+c_2f_2) \\
&= c_1(f_1^{(n)}+p_{n-1}f_1^{(n-1)}+\cdots+p_2f_1''+p_1f_1'+p_0f_1) \\
&\quad +c_2(f_2^{(n)}+p_{n-1}f_2^{(n-1)}+\cdots+p_2f_2''+p_1f_2'+p_0f_2) \\
&= c_1\cdot 0+c_2\cdot 0 = 0
\end{aligned}$$

となり, 確かに $y=c_1f_1(x)+c_2f_2(x)$ は②を満たすから②の解だといえる。よって, ②を満たす関数すべての集合を作り V と名付ければ,

$$f_1(x) \in V, \ f_2(x) \in V \Longrightarrow c_1f_1(x)+c_2f_2(x) \in V$$

となり, V はベクトル空間をなす。

さらに 2 階の場合(121 ページ)とまったく同様にして, この V は n 次元といえる。つまり, 結果を先にいえば次のようになる。

> **n 階線形同次微分方程式の解全体の集合 V は n 次元ベクトル空間をなす。**

n 次元ベクトル空間を考えることで，次の基本性質を利用できる。

> n 次元ベクトル空間の任意のベクトル $\boldsymbol{p}$ は，n 個の基底ベクトル $\boldsymbol{a}_1, \boldsymbol{a}_2, \cdots, \boldsymbol{a}_n$ によって
> $$\boldsymbol{p} = x_1\boldsymbol{a}_1 + x_2\boldsymbol{a}_2 + \cdots + x_n\boldsymbol{a}_n$$
> の形（1次結合）にただ1通りに表される。

ここで基底ベクトルは，1次独立なものである必要がある。だから，n 階線形同次微分方程式の一般解を求めたければ，

> 1次独立な n 個の特殊解を見つければよい。

すなわち，次のように一般解を求めることができる。

n 階線形同次微分方程式

n 階線形同次微分方程式
$$y^{(n)} + p_{n-1}y^{(n-1)} + \cdots + p_2 y'' + p_1 y' + p_0 y = 0$$
では，n 個の1次独立な特殊解 $f_1(x), f_2(x), \cdots, f_n(x)$ を求めれば，これを解空間 V の基底ベクトルとみなして，一般解はその1次結合
$$p(x) = C_1 f_1 + C_2 f_2 + \cdots + C_n f_n \quad (C_1, \cdots, C_n は n 個の任意定数)$$
によって表せる。

おさらいしておくと，ここで問題にしている n 階線形同次微分方程式の解 $\{f_1, f_2, \cdots, f_n\}$ が1次独立であるかどうかは，ロンスキアン

$$W(f_1, f_2, \cdots, f_n)(x) = \begin{vmatrix} f_1(x) & f_2(x) & \cdots & f_n(x) \\ f_1'(x) & f_2'(x) & \cdots & f_n'(x) \\ \vdots & \vdots & \ddots & \vdots \\ f_1^{(n-1)}(x) & f_2^{(n-1)}(x) & \cdots & f_n^{(n-1)}(x) \end{vmatrix}$$

に対して，

> $W(f_1, f_2, \cdots, f_n) \neq 0$ となる x が存在する
> $\implies f_1(x), f_2(x), \cdots, f_n(x)$ は1次独立

ということ (127 ページ) を思い出そう。

とはいえ，変数係数の n 階線形同次微分方程式の特殊解 n 個をすべて見つけ出すのは難しい。本書では定数係数の場合のみの解法を紹介する。

●定数係数 n 階線形同次微分方程式

すべての係数 $\{p_0, p_1, p_2, \cdots, p_{n-1}\}$ を定数とした n 階線形同次微分方程式

$$y^{(n)} + p_{n-1} y^{(n-1)} + \cdots + p_2 y'' + p_1 y' + p_0 y = 0 \quad \cdots\cdots ①$$

の具体的な解法について説明しよう。実は，2 階のときとほとんど同じ要領で特殊解を求めていくのだ。すなわち，

> 解となりそうな関数を方程式に代入し，1 次独立な特殊解が n 個になればよい。

そこで，ここでも $y = e^{\lambda x}$ を試しに代入してみれば，

$$(e^{\lambda x})' = \lambda e^{\lambda x}, \quad (e^{\lambda x})'' = \lambda^2 e^{\lambda x}, \quad (e^{\lambda x})^{(3)} = \lambda^3 e^{\lambda x}, \quad \cdots, \quad (e^{\lambda x})^{(n)} = \lambda^n e^{\lambda x}$$

なので，

$$\begin{aligned} & y^{(n)} + p_{n-1} y^{(n-1)} + \cdots + p_2 y'' + p_1 y' + p_0 y \\ &= \lambda^n e^{\lambda x} + p_{n-1} \lambda^{n-1} e^{\lambda x} + \cdots + p_2 \lambda^2 e^{\lambda x} + p_1 \lambda e^{\lambda x} + p_0 e^{\lambda x} \\ &= (\lambda^n + p_{n-1} \lambda^{n-1} + \cdots + p_2 \lambda^2 + p_1 \lambda + p_0) e^{\lambda x} = 0 \end{aligned}$$

となるから，2 階のときと同じように，

$$\lambda^n + p_{n-1} \lambda^{n-1} + \cdots + p_2 \lambda^2 + p_1 \lambda + p_0 = 0 \quad \cdots\cdots ②$$

となる。これを①の特性方程式と呼ぶ。実際にこの特性方程式を解いて実数解 λ が得られれば，その λ によって特殊解を $y = e^{\lambda x}$ とすることができるのである。

> 特性方程式が実数解 λ をもつとき $e^{\lambda x}$ は特殊解となる。

よって，もし②が異なる n 個の解 λ をもてば，そのまま各 λ を用いて n 個の特殊解 $y = e^{\lambda x}$ が決まるのだ。

例題 9-1 $y^{(3)}+2y''-y'-2y=0$ を解け。

解答 & 解説

特性方程式は，
$$\lambda^3+2\lambda^2-\lambda-2 = \lambda^2(\lambda+2)-(\lambda+2)$$
$$= (\lambda^2-1)(\lambda+2) = (\lambda-1)(\lambda+1)(\lambda+2) = 0$$
から，$\lambda=1, -1, -2$ と解けるので，この微分方程式の特殊解は，
$$y = e^x, \quad y = e^{-x}, \quad y = e^{-2x}$$
と3つ求まる。

これらは1次独立だから，求める一般解は
$$y = C_1 e^x + C_2 e^{-x} + C_3 e^{-2x} \quad (C_1, C_2, C_3 \text{ は任意定数}) \quad \cdots\cdots \text{(答)}$$

特性方程式②がすべて異なる解を n 個もつとは限らない。よって，重解や虚数解のときは，どのようになるのかを考えねばならない。また，重解といっても②は n 次方程式なので，2個以上最大で n 個まで重解になっている場合もある。そのように解が k 回重なる場合を **k 重解** と呼ぶ。すなわち，

特性方程式 $\lambda^n+p_{n-1}\lambda^{n-1}+\cdots+p_2\lambda^2+p_1\lambda+p_0=0$ が k 重解 a をもつというのは，整式 $f(\lambda)=\lambda^n+p_{n-1}\lambda^{n-1}+\cdots+p_2\lambda^2+p_1\lambda+p_0$ が $\lambda-a$ で k 回割り切れるときで，
$$f(\lambda) = (\lambda-a)^k Q(\lambda)$$
の形に表せることである。ここで $Q(\lambda)$ も整式である。

> 特性方程式が k 重解 a をもつとき，
> $$e^{ax}, \quad xe^{ax}, \quad x^2 e^{ax}, \quad \cdots, \quad x^{k-1} e^{ax}$$
> は特殊解となる。

2階のときにも同様の話があったが，2階では特性方程式は2次方程式なので，重解をもつとしても2重解までである。それが n 階ともなれば，特性方程式は n 次なので n 重解の可能性もある。

1つの例として，4階微分方程式で特性方程式が3重解をもつ場合を解説しよう。この場合，微分方程式
$$y^{(4)} + p_3 y^{(3)} + p_2 y'' + p_1 y' + p_0 y = 0$$
に対し，特性方程式が3重解 α と，孤立解 β をもつならば，
$$f(\lambda) = \lambda^4 + p_3 \lambda^3 + p_2 \lambda^2 + p_1 \lambda + p_0 = (\lambda - \alpha)^3 (\lambda - \beta) = 0$$
と表せる。このとき特殊解は，
$$e^{\alpha x}, \quad x e^{\alpha x}, \quad x^2 e^{\alpha x}, \quad e^{\beta x}$$
の4つになる。

これにより一般解は，
$$C_1 e^{\alpha x} + C_2 x e^{\alpha x} + C_3 x^2 e^{\alpha x} + C_4 e^{\beta x} \quad (C_1, \cdots, C_4 \text{ は任意定数})$$
と求められる。

以上，特性方程式が実数解のみをもつときについて解説したので，次は虚数解をもつときを解説する。これも完全に2階のとき(139ページ)と同じだ。

> 特性方程式が虚数解 $a+bi$, $a-bi$ をもつとき, $e^{ax} \cos bx$ と $e^{ax} \sin bx$ は特殊解となる。

2階の線形同次微分方程式のときと同じで，**実数の世界で成り立つ定理や基本事項は複素数の世界においてもそのほとんどが成り立つ。**

したがって，微分方程式
$$y^{(4)} + p_3 y^{(3)} + p_2 y'' + p_1 y' + p_0 y = 0 \quad \cdots\cdots ③$$
の特性方程式 $\lambda^4 + p_3 \lambda^3 + p_2 \lambda^2 + p_1 \lambda + p_0 = 0$ が虚数解 $\lambda = a \pm bi$ をもつとき，実数解のときと同じように複素数の世界で特殊解 $e^{\lambda x} = e^{(a \pm bi)}$ をもつ。ここで，

オイラーの定理：$e^{i\theta} = \cos \theta + i \sin \theta$

を用いて，
$$e^{(a \pm bi)x} = e^{ax} e^{\pm ibx} = e^{ax} \{\cos(\pm bx) + i \sin(\pm bx)\}$$
$$= e^{ax} (\cos bx \pm i \sin bx)$$
と表せるから，方程式③の複素数での一般解は，任意の複素数定数 K_1, K_2 を用いて，

$$K_1 e^{(a+bi)x} + K_2 e^{(a-bi)x} = K_1 e^{ax}(\cos bx + i\sin bx)$$
$$+ K_2 e^{ax}(\cos bx - i\sin bx)$$
$$= (K_1 + K_2)e^{ax}\cos bx + i(K_1 - K_2)e^{ax}\sin bx$$

と表せる。

いま欲しい実数の世界での一般解は，上の複素数の世界での一般解から実数の世界に顔を出した部分だけなので，あらかじめ $K_1 + K_2 = C_1$ かつ $i(K_1 - K_2) = C_2$ が成り立つように，$K_1 = \frac{1}{2}(C_1 - iC_2)$ かつ $K_2 = \frac{1}{2}(C_1 + iC_2)$ と複素数係数 K_1, K_2 をうまく選んでおけば，③の実数世界の解の1つとして，$C_1 e^{ax}\cos bx + C_2 e^{ax}\sin bx$ が得られるというわけである。

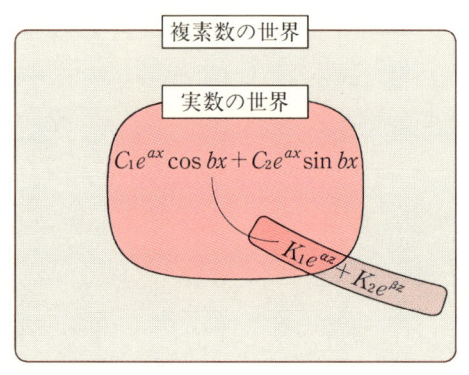

むろん，これも特殊解の1つだけど，欲しいのは特性方程式の解の個数分だけの1次独立な特殊解だ。よって，特性方程式の虚数解 $a+bi$ と $a-bi$ に対応する2つの特殊解が欲しい。

そこで，$C_1 e^{ax}\cos bx + C_2 e^{ax}\sin bx$ について，

$$C_1 = 1, \ C_2 = 0 \text{ のとき}: e^{ax}\cos bx$$
$$C_1 = 0, \ C_2 = 1 \text{ のとき}: e^{ax}\sin bx$$

を取り出す。この2つの関数は1次独立だから，これらを虚数解 $a+bi$ と $a-bi$ に対応した特殊解とするのである。

これまで見てきたように，定数係数 n 階線形同次微分方程式においては，その特性方程式は n 次方程式である。また**代数学の基本定理**という定理があり，それによると **n 次方程式は重解も重複して数えれば**

必ず n 個の解をもつ。そしてそれらの解のそれぞれに対し，必ず 1 個の 1 次独立な特殊解を作れるので，結局，求めるべき一般解はこれら n 個の 1 次独立な特殊解の 1 次結合となる。

定数係数 n 階線形同次微分方程式の特殊解

定数係数 n 階線形**同次**微分方程式
$$y^{(n)}+p_{n-1}y^{(n-1)}+\cdots+p_2y''+p_1y'+p_0y = 0 \quad \cdots\cdots ①$$
に対して，その特性方程式
$$\lambda^n+p_{n-1}\lambda^{n-1}+\cdots+p_2\lambda^2+p_1\lambda+p_0 = 0 \quad \cdots\cdots ②$$
がある。

❶ 孤立実数解 λ をもつとき

　　　　　$e^{\lambda x}$ は①の特殊解となる。

❷ k 重解 λ をもつ(②が $(x-\lambda)^k$ で割り切れる)とき

　　　$e^{\lambda x}$, $xe^{\lambda x}$, $x^2 e^{\lambda x}$, $\cdots$, $x^{k-1}e^{\lambda x}$ は①の特殊解となる。

❸ 虚数解 $a+bi$, $a-bi$ をもつとき

　　　　$e^{ax}\cos bx$ と $e^{ax}\sin bx$ は①の特殊解となる。

以上より，特性方程式②の重解を含めて n 個の解から，定数係数 n 階線形同次微分方程式①の n 個の特殊解を作ることができる。

講義 10 連立線形微分方程式

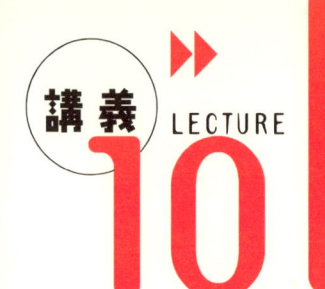

さて，最終講では，線形代数を利用して方程式を解く**連立線形微分方程式**について述べよう。

●連立線形微分方程式の行列による表現

例えば，血液中のブドウ糖濃度を x，インスリン濃度を y として，その変化速度がお互いの量に比例して変化するようなモデルがあったとしよう。x, y の変化速度はそれぞれ $\dfrac{dx}{dt}, \dfrac{dy}{dt}$ で与えられる。また点滴等による濃度の一定変化分も考えると，

$$\begin{cases} \dfrac{dx}{dt} = ax + by + u \\ \dfrac{dy}{dt} = cx + dy + v \end{cases}$$

の形の微分方程式が得られる。

このような連立1次方程式の微分方程式を**連立線形微分方程式**と呼ぶ。連立方程式が行列で表せることを思い出せば，次のように表せる。

$$\begin{cases} \dfrac{dx}{dt} = ax + by + u \\ \dfrac{dy}{dt} = cx + dy + v \end{cases} \Longleftrightarrow \begin{pmatrix} \dfrac{dx}{dt} \\ \dfrac{dy}{dt} \end{pmatrix} = \begin{pmatrix} a & b \\ c & d \end{pmatrix} \begin{pmatrix} x \\ y \end{pmatrix} + \begin{pmatrix} u \\ v \end{pmatrix}$$

本当はきちんとした議論が必要なのだが，思い切り省略して説明すれば，ベクトルの微分として

$$\frac{d}{dt} \boldsymbol{x} = \frac{d}{dt} \begin{pmatrix} x \\ y \end{pmatrix} = \begin{pmatrix} \dfrac{dx}{dt} \\ \dfrac{dy}{dt} \end{pmatrix}$$

と表すことで，次のようにとても簡潔に表現できる．

$$\begin{pmatrix} \dfrac{dx}{dt} \\ \dfrac{dy}{dt} \end{pmatrix} = \begin{pmatrix} a & b \\ c & d \end{pmatrix} \begin{pmatrix} x \\ y \end{pmatrix} + \begin{pmatrix} u \\ v \end{pmatrix} \Longleftrightarrow \dfrac{d}{dt}\boldsymbol{x} = A\boldsymbol{x} + \boldsymbol{b} \quad \cdots\cdots ①$$

$$\left(\text{ただし，} A = \begin{pmatrix} a & b \\ c & d \end{pmatrix},\ \boldsymbol{x} = \begin{pmatrix} x \\ y \end{pmatrix},\ \boldsymbol{b} = \begin{pmatrix} u \\ v \end{pmatrix}\right)$$

ここで，もし1つでも特殊解 $\boldsymbol{x} = \boldsymbol{a}(t)$ が見つかれば，

$$\begin{cases} \dfrac{d}{dt}\boldsymbol{x} = A\boldsymbol{x} + \boldsymbol{b} \\ \dfrac{d}{dt}\boldsymbol{a} = A\boldsymbol{a} + \boldsymbol{b} \end{cases}$$

により，$\dfrac{d}{dt}(\boldsymbol{x} - \boldsymbol{a}) = A(\boldsymbol{x} - \boldsymbol{a})$ と変形でき，この $\boldsymbol{x} - \boldsymbol{a}$ をもとから $\boldsymbol{x}$ だと考えれば，最初から定ベクトルの項をもたない方程式

$$\dfrac{d}{dt}\begin{pmatrix} x \\ y \end{pmatrix} = A\begin{pmatrix} x \\ y \end{pmatrix} \quad \text{すなわち} \quad \dfrac{d}{dt}\boldsymbol{x} = A\boldsymbol{x} \quad \cdots\cdots ①'$$

を考えればよいことになる．

このような**定ベクトル項をもたない方程式**のことを，ここでも**同次方程式**と呼ぶ．

●連立線形同次微分方程式1

それではどうすればこの**連立線形同次微分方程式**を解けるのだろうか．基本的には，変数を減らすという方針になるだろう．すなわち，

$$\begin{cases} \dfrac{dx}{dt} = ax + by & \cdots\cdots ② \\ \dfrac{dy}{dt} = cx + dy & \cdots\cdots ③ \end{cases}$$

から変数 y を消去し，x だけの方程式にするというものだ．実際，②から $by = \dfrac{dx}{dt} - ax$ となり，両辺を微分すれば $b\dfrac{dy}{dt} = \dfrac{d^2 x}{dt^2} - a\dfrac{dx}{dt}$ と変形できるので，③×b の左辺に代入すると，

$$b\frac{dy}{dt} = bcx + bdy \iff \frac{d^2x}{dt^2} - a\frac{dx}{dt} = bcx + d\left(\frac{dx}{dt} - ax\right)$$

$$\iff \frac{d^2x}{dt^2} - (a+d)\frac{dx}{dt} + (ad-bc)x = 0 \quad \cdots\cdots ④$$

と変形できて，これなら2階線形同次微分方程式だから解ける。

例題 10-1 次の連立線形同次微分方程式を解け。

$$\begin{cases} \dfrac{dx}{dt} = 3x - y & \cdots\cdots ① \\ \dfrac{dy}{dt} = 4x - 2y & \cdots\cdots ② \end{cases}$$

解答 & 解説 ①から，$y = -\dfrac{dx}{dt} + 3x$ であるから

$$\frac{dy}{dt} = -\frac{d^2x}{dt^2} + 3\frac{dx}{dt}$$

この式を②の左辺へ代入して

$$-\frac{d^2x}{dt^2} + 3\frac{dx}{dt} = 4x - 2\left(-\frac{dx}{dt} + 3x\right)$$

$$\iff \frac{d^2x}{dt^2} - \frac{dx}{dt} - 2x = 0 \quad \cdots\cdots ③$$

この特性方程式 $\lambda^2 - \lambda - 2 = 0$ の解 $\lambda = -1, 2$ を用いて，③の一般解は $x = C_1 e^{2t} + C_2 e^{-t}$ となるから，$y = -\dfrac{dx}{dt} + 3x$ へ代入して，①の解は

$$x = C_1 e^{2t} + C_2 e^{-t}, \ y = C_1 e^{2t} + 4C_2 e^{-t} \quad (C_1, C_2 は任意定数) \quad \cdots\cdots (答)$$

● $x = e^{2t} + e^{-t}, \ y = e^{2t} + 4e^{-t}$ をプロットしたグラフ

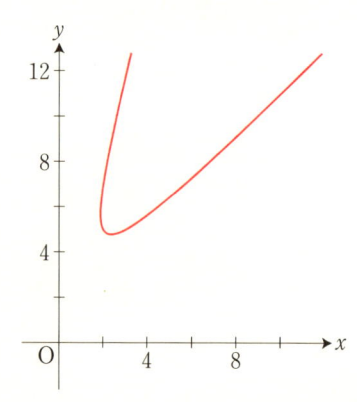

このように，消去法によって，連立線形同次微分方程式は1つの2階線形同次微分方程式に書き換えることができる。

●連立線形同次微分方程式2

せっかく行列を使って，

$$\begin{cases} \dfrac{dx}{dt} = ax + by \\ \dfrac{dy}{dt} = cx + dy \end{cases} \iff \begin{pmatrix} \dfrac{dx}{dt} \\ \dfrac{dy}{dt} \end{pmatrix} = \begin{pmatrix} a & b \\ c & d \end{pmatrix} \begin{pmatrix} x \\ y \end{pmatrix}$$

と表せるのだ。線形代数の知識を活かせないか考えてみよう。

受験生のとき，数学Cを一生懸命勉強した人なら，前ページの④の特性方程式を見て，ピンと来るものがあるかもしれない。

④の特性方程式は，

$$\lambda^2 - (a+d)\lambda + (ad-bc) = 0$$

である。これをどこかで目にしたことはなかっただろうか。そう，**ハミルトン・ケーリーの定理**

$$A = \begin{pmatrix} a & b \\ c & d \end{pmatrix} \text{に対して} \quad A^2 - (a+d)A + (ad-bc)E = O$$

の式(E は単位行列)と同じ形をしているのだ。また，この形の方程式は線形代数でも登場する行列の**固有値**を求めるために作る行列 A の**固有方程式**でもあった。

おさらいしておこう。

> $n \times n$ 行列 A に対して，
> $$A\boldsymbol{x} = \lambda \boldsymbol{x} \, (\lambda \in \boldsymbol{R})$$
> を満たす n 次元ベクトル $\boldsymbol{x}$ が存在するとき，$\boldsymbol{x} \neq \boldsymbol{0}$ ならば，$\boldsymbol{x}$ を行列 A の**固有ベクトル**，λ を行列 A の**固有値**と呼ぶ。

もし，固有ベクトルが存在するとしたら，E を単位行列として，

$$A\boldsymbol{x} = \lambda \boldsymbol{x} \iff A\boldsymbol{x} = \lambda E \boldsymbol{x} \iff (A - \lambda E)\boldsymbol{x} = \boldsymbol{0}$$

と変形できるので，

$$\text{行列 } A-\lambda E \text{ は逆行列をもたない}$$

といえる。

　注　もし逆行列が存在すれば，$(A-\lambda E)\boldsymbol{x}=\boldsymbol{0}$ の両辺の左から逆行列 $(A-\lambda E)^{-1}$ をかけると $\boldsymbol{x}=\boldsymbol{0}$ となるので，$\boldsymbol{x}\neq\boldsymbol{0}$ に矛盾するからである。

　その結果，「逆行列をもたない⇔行列式は 0」より，
$$|A-\lambda E| = 0$$
が得られる。

　前置きが長くなったが，この $|A-\lambda E|=0$ という方程式こそ，先の特性方程式と同じ形になる。実際，$A=\begin{pmatrix} a & b \\ c & d \end{pmatrix}$ に対して行列式 $|A-\lambda E|$ を計算すれば，

$$|A-\lambda E| = \begin{vmatrix} a-\lambda & b \\ c & d-\lambda \end{vmatrix} = (a-\lambda)(d-\lambda)-bc$$
$$= \lambda^2-(a+d)\lambda+ad-bc = 0$$

となることがわかる。

　この固有値と固有ベクトルが，連立線形同次微分方程式を解くこととどのような関係があるのだろうか。

　簡単にするために，2×2 行列で解説しよう。

　2×2 行列 A が 1 次独立な 2 つの固有ベクトル $\begin{pmatrix} p \\ q \end{pmatrix}$, $\begin{pmatrix} r \\ s \end{pmatrix}$ をもち，それらの固有値が α, β であるとき，

$$A\begin{pmatrix} p \\ q \end{pmatrix} = \alpha\begin{pmatrix} p \\ q \end{pmatrix} = \begin{pmatrix} p\alpha \\ q\alpha \end{pmatrix}, \quad A\begin{pmatrix} r \\ s \end{pmatrix} = \beta\begin{pmatrix} r \\ s \end{pmatrix} = \begin{pmatrix} r\beta \\ s\beta \end{pmatrix}$$

が成り立つ。これは，**たてベクトル 2 つを貼り合わせて行列を作る**ことによって，次のように表すことができる。

$$A\begin{pmatrix} p & r \\ q & s \end{pmatrix} = \begin{pmatrix} p\alpha & r\beta \\ q\alpha & s\beta \end{pmatrix} = \begin{pmatrix} p & r \\ q & s \end{pmatrix}\begin{pmatrix} \alpha & 0 \\ 0 & \beta \end{pmatrix} \quad \cdots\cdots ①$$

　そして，これら**たてベクトル 2 つが 1 次独立であるならば，それらを貼り合わせた行列は正則**(逆行列をもつ)である。

　そこで，① を $P=\begin{pmatrix} p & r \\ q & s \end{pmatrix}$ とおいて表すと，

$$AP = P\begin{pmatrix} \alpha & 0 \\ 0 & \beta \end{pmatrix} \quad \cdots\cdots ①'$$

となるから，この両辺に右側から P^{-1} をかけて，

$$A = P\begin{pmatrix} \alpha & 0 \\ 0 & \beta \end{pmatrix}P^{-1} \quad \cdots\cdots ②$$

と変形できる。

このような表現を**行列の対角化**と呼ぶ。

> 2×2 行列 A が1次独立な2つの固有ベクトル $\begin{pmatrix} p \\ q \end{pmatrix}$, $\begin{pmatrix} r \\ s \end{pmatrix}$ をもち，それらの固有値が α, β であるとき，$P = \begin{pmatrix} p & r \\ q & s \end{pmatrix}$ によって，
>
> $$A = P\begin{pmatrix} \alpha & 0 \\ 0 & \beta \end{pmatrix}P^{-1}$$
>
> と表せる。

それでは，この対角化がどのように連立線形同次微分方程式に利用できるのだろうか。

$\dfrac{\mathrm{d}}{\mathrm{d}t}\begin{pmatrix} x \\ y \end{pmatrix} = A\begin{pmatrix} x \\ y \end{pmatrix}$ に，この変形を当てはめてみよう。単純に行列を置き換えると，

$$\frac{\mathrm{d}}{\mathrm{d}t}\boldsymbol{x} = P\begin{pmatrix} \alpha & 0 \\ 0 & \beta \end{pmatrix}P^{-1}\boldsymbol{x}$$

となるが，この両辺に左側から P^{-1} をかけると，

$$P^{-1}\frac{\mathrm{d}}{\mathrm{d}t}\begin{pmatrix} x \\ y \end{pmatrix} = \begin{pmatrix} \alpha & 0 \\ 0 & \beta \end{pmatrix}P^{-1}\begin{pmatrix} x \\ y \end{pmatrix} \quad \cdots\cdots ③$$

となる。このとき，行列をかけるという計算が，実は「成分を定数倍して足したり引いたりする」だけであり，そうした1次式の計算については自由に微分と順序を入れ替えられることに注意しよう。すなわち左辺について次の式が成り立ってしまうのだ！

$$P^{-1}\frac{\mathrm{d}}{\mathrm{d}t}\begin{pmatrix}x\\y\end{pmatrix}=\frac{\mathrm{d}}{\mathrm{d}t}P^{-1}\begin{pmatrix}x\\y\end{pmatrix}$$

実際に計算すれば，次のようになる。

$$P^{-1}\frac{\mathrm{d}}{\mathrm{d}t}\begin{pmatrix}x\\y\end{pmatrix}=\frac{1}{ps-qr}\begin{pmatrix}s & -r\\-q & p\end{pmatrix}\begin{pmatrix}\frac{\mathrm{d}x}{\mathrm{d}t}\\ \frac{\mathrm{d}y}{\mathrm{d}t}\end{pmatrix}$$

$$=\frac{1}{ps-qr}\begin{pmatrix}s\frac{\mathrm{d}x}{\mathrm{d}t}-r\frac{\mathrm{d}y}{\mathrm{d}t}\\ -q\frac{\mathrm{d}x}{\mathrm{d}t}+p\frac{\mathrm{d}y}{\mathrm{d}t}\end{pmatrix}$$

$$=\frac{1}{ps-qr}\begin{pmatrix}\frac{\mathrm{d}}{\mathrm{d}t}(sx-ry)\\ \frac{\mathrm{d}}{\mathrm{d}t}(-qx+py)\end{pmatrix}$$

$$=\frac{\mathrm{d}}{\mathrm{d}t}\left(\frac{1}{ps-qr}\begin{pmatrix}sx-ry\\ -qx+py\end{pmatrix}\right)=\frac{\mathrm{d}}{\mathrm{d}t}P^{-1}\begin{pmatrix}x\\y\end{pmatrix}$$

よって，③は，

$$\frac{\mathrm{d}}{\mathrm{d}t}P^{-1}\begin{pmatrix}x\\y\end{pmatrix}=\begin{pmatrix}\alpha & 0\\0 & \beta\end{pmatrix}P^{-1}\begin{pmatrix}x\\y\end{pmatrix}\quad\cdots\cdots④$$

と表すことができる。実は，ここですごいことになっている。

まず，$P^{-1}\begin{pmatrix}x\\y\end{pmatrix}$を

P^{-1}という1次変換によって写された$\boldsymbol{x}=\begin{pmatrix}x\\y\end{pmatrix}$の像

と考えて，新たなベクトルとしてこれを，

$$\begin{pmatrix}X\\Y\end{pmatrix}=P^{-1}\begin{pmatrix}x\\y\end{pmatrix}$$

とおくと，④は次のように表せる。

$$\frac{\mathrm{d}}{\mathrm{d}t}\begin{pmatrix}X\\Y\end{pmatrix}=\begin{pmatrix}\alpha & 0\\0 & \beta\end{pmatrix}\begin{pmatrix}X\\Y\end{pmatrix} \Longleftrightarrow \begin{pmatrix}\dfrac{\mathrm{d}X}{\mathrm{d}t}\\[4pt] \dfrac{\mathrm{d}Y}{\mathrm{d}t}\end{pmatrix}=\begin{pmatrix}\alpha X\\\beta Y\end{pmatrix} \Longleftrightarrow \begin{cases}\dfrac{\mathrm{d}X}{\mathrm{d}t}=\alpha X\\[4pt]\dfrac{\mathrm{d}Y}{\mathrm{d}t}=\beta Y\end{cases}$$

……⑤

いうまでもなく，$\dfrac{\mathrm{d}X}{\mathrm{d}t}=\alpha X$ や $\dfrac{\mathrm{d}Y}{\mathrm{d}t}=\beta Y$ は簡単な変数分離形であり，その解は $X=C_1 e^{\alpha t}$，$Y=C_2 e^{\beta t}$ となる。ということは，方程式⑤が解けることになり，$\begin{pmatrix}X\\Y\end{pmatrix}$ の定義から，

$$P^{-1}\begin{pmatrix}x\\y\end{pmatrix}=\begin{pmatrix}X\\Y\end{pmatrix}=\begin{pmatrix}C_1 e^{\alpha t}\\C_2 e^{\beta t}\end{pmatrix} \quad ……⑥$$

が成り立つ。⑥の両辺に左側から行列 P をかけ直せば，もともとの方程式 $\dfrac{\mathrm{d}}{\mathrm{d}t}\begin{pmatrix}x\\y\end{pmatrix}=A\begin{pmatrix}x\\y\end{pmatrix}$ の解として，

$$\begin{pmatrix}x\\y\end{pmatrix}=P\begin{pmatrix}C_1 e^{\alpha t}\\C_2 e^{\beta t}\end{pmatrix}=\begin{pmatrix}p & r\\q & s\end{pmatrix}\begin{pmatrix}C_1 e^{\alpha t}\\C_2 e^{\beta t}\end{pmatrix}=\begin{pmatrix}pC_1 e^{\alpha t}+rC_2 e^{\beta t}\\qC_1 e^{\alpha t}+sC_2 e^{\beta t}\end{pmatrix}$$

となる。

こうした連立線形同次微分方程式を解く作業を模式図で表せば次のようになる。

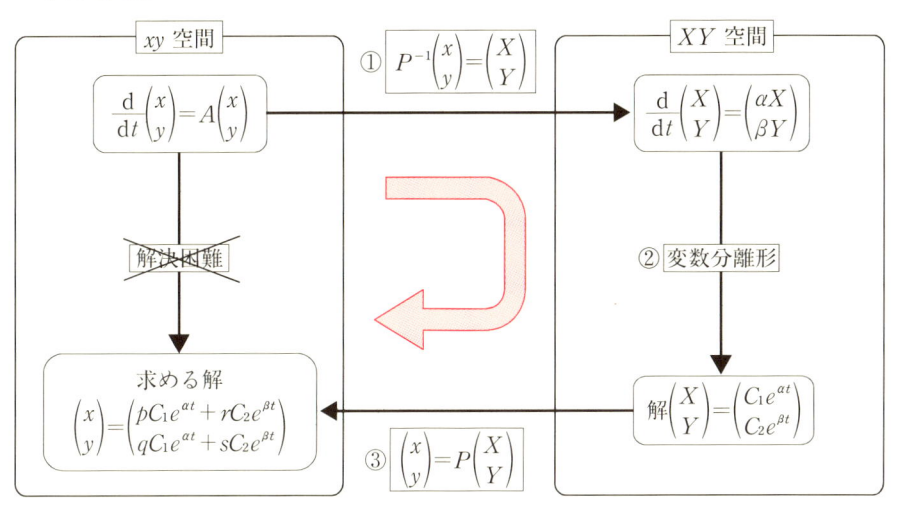

[xy 空間]
$\dfrac{\mathrm{d}}{\mathrm{d}t}\begin{pmatrix}x\\y\end{pmatrix}=A\begin{pmatrix}x\\y\end{pmatrix}$

解決困難

求める解
$\begin{pmatrix}x\\y\end{pmatrix}=\begin{pmatrix}pC_1 e^{\alpha t}+rC_2 e^{\beta t}\\qC_1 e^{\alpha t}+sC_2 e^{\beta t}\end{pmatrix}$

① $P^{-1}\begin{pmatrix}x\\y\end{pmatrix}=\begin{pmatrix}X\\Y\end{pmatrix}$

③ $\begin{pmatrix}x\\y\end{pmatrix}=P\begin{pmatrix}X\\Y\end{pmatrix}$

[XY 空間]
$\dfrac{\mathrm{d}}{\mathrm{d}t}\begin{pmatrix}X\\Y\end{pmatrix}=\begin{pmatrix}\alpha X\\\beta Y\end{pmatrix}$

② 変数分離形

解 $\begin{pmatrix}X\\Y\end{pmatrix}=\begin{pmatrix}C_1 e^{\alpha t}\\C_2 e^{\beta t}\end{pmatrix}$

連立線形同次微分方程式の解法

2変数連立線形同次微分方程式

$$\begin{cases} \dfrac{dx}{dt} = ax + by \\ \dfrac{dy}{dt} = cx + dy \end{cases} \iff \dfrac{d}{dt}\begin{pmatrix} x \\ y \end{pmatrix} = \begin{pmatrix} a & b \\ c & d \end{pmatrix}\begin{pmatrix} x \\ y \end{pmatrix} \quad \cdots\cdots ①$$

について，以下の2通りの解法がある。

❶第1式から，$by = \dfrac{dx}{dt} - ax$ となり，これから $b\dfrac{dy}{dt} = \dfrac{d^2 x}{dt^2} - a\dfrac{dx}{dt}$ となる。これを第2式へ代入し，2階線形同次微分方程式

$$\dfrac{d^2 x}{dt^2} - (a+b)\dfrac{dx}{dt} + (ad - bc)x = 0$$

を得る。

❷行列 $A = \begin{pmatrix} a & b \\ c & d \end{pmatrix}$ が1次独立な固有ベクトル $\begin{pmatrix} p \\ q \end{pmatrix}$, $\begin{pmatrix} r \\ s \end{pmatrix}$ と固有値 α, β をもつとき，$P = \begin{pmatrix} p & r \\ q & s \end{pmatrix}$ とすると，$A = P\begin{pmatrix} \alpha & 0 \\ 0 & \beta \end{pmatrix}P^{-1}$（対角化）となる。よって，$\begin{pmatrix} X \\ Y \end{pmatrix} = P^{-1}\begin{pmatrix} x \\ y \end{pmatrix}$ とおけば，

$$\dfrac{d}{dt}\begin{pmatrix} x \\ y \end{pmatrix} = A\begin{pmatrix} x \\ y \end{pmatrix} \iff \dfrac{d}{dt}\begin{pmatrix} X \\ Y \end{pmatrix} = \begin{pmatrix} \alpha & 0 \\ 0 & \beta \end{pmatrix}\begin{pmatrix} X \\ Y \end{pmatrix}$$

と表せ，これを解けば

$$X = C_1 e^{\alpha t}, \quad Y = C_2 e^{\beta t}$$

よって，

$$\begin{pmatrix} x \\ y \end{pmatrix} = P\begin{pmatrix} X \\ Y \end{pmatrix} = \begin{pmatrix} p & r \\ q & s \end{pmatrix}\begin{pmatrix} C_1 e^{\alpha t} \\ C_2 e^{\beta t} \end{pmatrix} = \begin{pmatrix} pC_1 e^{\alpha t} + rC_2 e^{\beta t} \\ qC_1 e^{\alpha t} + sC_2 e^{\beta t} \end{pmatrix}$$

を得る。

　　注　A が対角化できなければ❶を用いればよい。

それでは，先に挙げた例題10-1（188ページ）をこの対角化の手法で解いてみるとしよう。

演習問題 10-1

$\begin{cases} \dfrac{\mathrm{d}x}{\mathrm{d}t} = 3x - y \\ \dfrac{\mathrm{d}y}{\mathrm{d}t} = 4x - 2y \end{cases}$ を初期条件 $\begin{cases} x(0) = 2 \\ y(0) = 5 \end{cases}$ のもとで解け。

解答 & 解説

微分方程式は次のように変形できる。

$$\frac{\mathrm{d}}{\mathrm{d}t}\begin{pmatrix} x \\ y \end{pmatrix} = \begin{pmatrix} 3 & -1 \\ 4 & -2 \end{pmatrix}\begin{pmatrix} x \\ y \end{pmatrix}$$

そこで，$A = \begin{pmatrix} 3 & -1 \\ 4 & -2 \end{pmatrix}$ とおき，$A\boldsymbol{x} = \lambda \boldsymbol{x}$ となる $\boldsymbol{0}$ ではない $\boldsymbol{x}$ が存在するとすれば，$(A - \lambda E)\boldsymbol{x} = \boldsymbol{0}$ により $(A - \lambda E)^{-1}$ は存在せず，

$$|A - \lambda E| = \begin{vmatrix} 3-\lambda & -1 \\ 4 & -2-\lambda \end{vmatrix} = \lambda^2 - \lambda - 2 = 0$$

となり，$\lambda = -1, 2$ である。

$\lambda = -1$ のとき，

$$(A + E)\boldsymbol{x} = \begin{pmatrix} 4 & -1 \\ 4 & -1 \end{pmatrix}\begin{pmatrix} x \\ y \end{pmatrix} = \begin{pmatrix} 4x - y \\ 4x - y \end{pmatrix} = \boldsymbol{0}$$

により，固有ベクトルの1つとして，$\begin{pmatrix} x \\ y \end{pmatrix} = \begin{pmatrix} 1 \\ 4 \end{pmatrix}$ がとれる。

$\lambda = 2$ のとき，

$$(A - 2E)\boldsymbol{x} = \begin{pmatrix} 1 & -1 \\ 4 & -4 \end{pmatrix}\begin{pmatrix} x \\ y \end{pmatrix} = \begin{pmatrix} x - y \\ 4(x - y) \end{pmatrix} = \boldsymbol{0}$$

により，固有ベクトルの1つとして，$\begin{pmatrix} x \\ y \end{pmatrix} = \begin{pmatrix} 1 \\ 1 \end{pmatrix}$ がとれる。

以上から，$P = \begin{pmatrix} 1 & 1 \\ 1 & 4 \end{pmatrix}$ とおけば $P^{-1} = \dfrac{1}{3}\begin{pmatrix} 4 & -1 \\ -1 & 1 \end{pmatrix}$ で，

$$AP = P\begin{pmatrix} 2 & 0 \\ 0 & -1 \end{pmatrix}$$

と表せるので

$$A = P\begin{pmatrix} 2 & 0 \\ 0 & -1 \end{pmatrix} P^{-1}$$

このことからもとの微分方程式 $\dfrac{\mathrm{d}}{\mathrm{d}t}\begin{pmatrix} x \\ y \end{pmatrix} = A\begin{pmatrix} x \\ y \end{pmatrix}$ に対し,

$$\frac{\mathrm{d}}{\mathrm{d}t}\begin{pmatrix} x \\ y \end{pmatrix} = P\begin{pmatrix} 2 & 0 \\ 0 & -1 \end{pmatrix} P^{-1} \begin{pmatrix} x \\ y \end{pmatrix} \iff \frac{\mathrm{d}}{\mathrm{d}t} P^{-1}\begin{pmatrix} x \\ y \end{pmatrix} = \begin{pmatrix} 2 & 0 \\ 0 & -1 \end{pmatrix} P^{-1}\begin{pmatrix} x \\ y \end{pmatrix}$$

と表せるので, $\begin{pmatrix} X \\ Y \end{pmatrix} = P^{-1}\begin{pmatrix} x \\ y \end{pmatrix}$ とおけば,

$$\frac{\mathrm{d}}{\mathrm{d}t}\begin{pmatrix} X \\ Y \end{pmatrix} = \begin{pmatrix} 2 & 0 \\ 0 & -1 \end{pmatrix}\begin{pmatrix} X \\ Y \end{pmatrix} = \begin{pmatrix} 2X \\ -Y \end{pmatrix}$$

$$\therefore \quad \frac{\mathrm{d}X}{\mathrm{d}t} = 2X, \quad \frac{\mathrm{d}Y}{\mathrm{d}t} = -Y$$

これを解いて

$$X = C_1 e^{2t}, \quad Y = C_2 e^{-t}$$

$$\therefore \quad \begin{pmatrix} x \\ y \end{pmatrix} = P\begin{pmatrix} X \\ Y \end{pmatrix} = \begin{pmatrix} 1 & 1 \\ 1 & 4 \end{pmatrix}\begin{pmatrix} C_1 e^{2t} \\ C_2 e^{-t} \end{pmatrix} = \begin{pmatrix} C_1 e^{2t} + C_2 e^{-t} \\ C_1 e^{2t} + 4 C_2 e^{-t} \end{pmatrix}$$

初期条件は $\begin{cases} x(0) = 2 \\ y(0) = 5 \end{cases}$ なので

$$\begin{cases} C_1 + C_2 = 2 \\ C_1 + 4C_2 = 5 \end{cases}$$

$$\therefore \quad \begin{cases} C_1 = 1 \\ C_2 = 1 \end{cases}$$

よって,解は

$$\begin{cases} x = e^{2t} + e^{-t} \\ y = e^{2t} + 4e^{-t} \end{cases} \quad \cdots\cdots(答)$$

● $x = C_1 e^{2t} + C_2 e^{-t}$, $y = C_1 e^{2t} + 4C_2 e^{-t}$ による曲線群

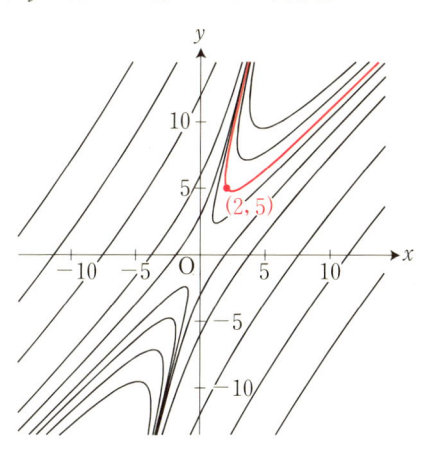

(2, 5)

●微分方程式フローチャート

スタート
完全微分方程式：$f_x(x,y)\,dx + f_y(x,y)\,dy = 0$ ならば **A**
連立線形微分方程式：$\dfrac{d}{dt}\boldsymbol{x} = A\boldsymbol{x}$ ならば **B**
それ以外は矢印の方向に進む。

↓

常微分方程式（y が x の1変数関数で偏微分を含まない）ならば矢印の方向に進む。

直接積分形：$\dfrac{dy}{dx} = f(x)$ ならば **C**
変数分離形：$\dfrac{dy}{dx} = \dfrac{f(x)}{g(y)}$ ならば **D**
同次形：$\dfrac{dy}{dx} = f\left(\dfrac{y}{x}\right)$ ならば **E**
$\dfrac{dy}{dx} = \dfrac{ax+by+c}{px+qy+r}$ ならば **F**
それ以外は矢印の方向に進む。

線形微分方程式（$y^{(n)}, \cdots, y'', y', y$ がすべて1次）ならば矢印の方向に進む。
それ以外の場合で，
　クレロー型微分方程式（ラグランジュ型で $f(t)=t$ の場合）：
　　$y = xy' + g(y')$ ならば **G**
　ラグランジュ型微分方程式：$y = xf(y') + g(y')\,(f(t) \neq t)$ ならば **H**
　ベルヌーイ型微分方程式：$y' + P(x)y = Q(x)y^m\,(m \neq 0, 1)$ ならば **I**
　リッカチ型微分方程式（y' が y の2次式）：
　　$y' = P(x) + Q(x)y + R(x)y^2$ ならば **J**

A 完全微分方程式（p 88）
B 連立線形微分方程式（p 186）
C 直接積分形（p 54）
D 変数分離形（p 54）
E 同次形（p 60）
F $\dfrac{dy}{dx} = \dfrac{ax+by+c}{px+qy+r}$ 型（p 64）
G クレロー型微分方程式（p 116）
H ラグランジュ型微分方程式（p 114）
I ベルヌーイ型微分方程式（p 110）
J リッカチ型微分方程式（p 112）

→ y の最高階数は？

　　↓1階→　微分方程式を $y'+p(x)y=q(x)$ として，
　　　　　　同次形（$q(x)=0$）ならば **K**
　　　　　　非同次形（$q(x)\neq 0$）ならば **L**

　　↓2階

　　　　　　オイラー方程式：$x^2y''+pxy'+qy=0$（p, q は定数）ならば **M**
　　　　　　それ以外の場合で，微分方程式を $y''+p(x)y'+q(x)y=r(x)$ として，
　　　　　　　同次形（$r(x)=0$）かつ $p(x)$，$q(x)$ が定数ならば **N**
　　　　　　　同次形（$r(x)=0$）ならば **O**
　　　　　　　非同次形（$r(x)\neq 0$）ならば **P**

　　↓3階以上

　　　　　　定数係数 n 階同次線形微分方程式：$y^{(n)}+p_{n-1}y^{(n-1)}+\cdots+p_2y''+p_1y'+p_0y=0$（$p_0, p_1, \cdots, p_{n-1}$ は定数）ならば **Q**

K 1階線形同次微分方程式：
　$y'+p(x)y=0$ （p 73）

L 1階線形非同次微分方程式：
　$y'+p(x)y=q(x)$ （p 75）

M オイラー方程式
　（p 173）

N 定数係数 2 階線形同次微分方程式：
　$y''+py'+qy=0$（p, q は定数）（p 136）

O 2 階線形同次微分方程式：
　$y''+p(x)y'+q(x)y=0$ （p 136）

P 2 階線形非同次微分方程式：$y''+p(x)y'+q(x)y=r(x)$ （p 158）

Q 定数係数 n 階線形同次微分方程式 （p 181）

●微分方程式フローチャート

あとがき

　前著『単位が取れる線形代数ノート』同様，本書でも執筆方針をどこにおくかで大変悩んだ。本来の目的が単位を取ることなのだから，偉そうなことをいわないで，単純に微分方程式の解き方を繰り返し練習させればよいのだろうが，そうはしなかった。本書を手にする読者の多くが数学科の学生でないことを念頭に，微分方程式を数学モデルに活用するセンスも身につけられるなら理想的だと考えたからである。それが巻頭のイントロダクションにつながったのだ。このイントロダクションでは，「普通の」数学の教師なら躊躇する，非常におおざっぱな微分・積分の説明を展開している。実はこうした微分・積分のコンセプトの理解こそが，ほとんどの学生にとって教養として必要ではないかと私は常々思っている。

　「高等学校で微分・積分の基礎は学習済みだ」と思い込んでいる読者は多いと思う。しかし実のところそれは，大学入試問題を解くための技法の訓練だったり，厳密さにこだわるあまり，諸分野との関係性の欠落した「数学のための数学」だったりする可能性が高い。結果として問題演習に長けた学生は多くなるが，大学で実際に数学を道具として用い，アイデアをモデル化するためのスキルはすっぽり欠落しているといっても過言ではない。

　こんなことを書くと「それを主導してきたのはおまえら予備校だろう」といわれそうだが，現実の予備校では私に限らず，問題演習にとどまることなく概念まできちんと解説している。私の場合は『磁力と重力の発見』(みすず書房)で著名な物理の山本義隆先生が，講師室で「いまの学生はみなきちんと区分求積法を教わっとらんのかね」などとおっしゃるのを耳にし，全身縮み上がる思いをしたのが動悸，じゃない動機ではあるが，当の学生諸君からは好評である(多分)。

　本書の原稿段階でイントロダクションを多数の理系大学生に読んでも

らったところ，知識に道筋がついたと非常に好評だった．だから，学生諸君には喜んでもらえるだろうと確信している．

　肝心の微分方程式本論については，既存の教科書の主流から大きく外れないように，最もポピュラーな分野のみ取り上げた．このため幾多の教科書をまとめたような内容となったが，本書の性格上それで十分であろう．

　ただ微分演算子法と級数展開について言及できなかったのは，ひとえに私の力量不足であった．なにしろこれだけまとめるのに 3 年近くかかってしまったのだ．遅筆にも程があるが，根気よく待ってくれた講談社サイエンティフィクという会社の度量の大きさにはただただ敬服するばかり……っていうか遅くなってホントーにすみません(汗)．

　また，イントロダクションを含め，本書を執筆するスキルを鍛えてくれたのはほかでもない，私が出講している駿台予備学校と河合塾であり，受講してくれた受講生諸氏である．この場を借りて深く謝罪，じゃなかった感謝の意を示したい．

　なお，生来おっちょこちょいなので，およそ校正作業に向かない私は，杉山明日香氏，杉尾一氏，山本智彦氏，小野寺馨氏，宮森映理子氏，小山翔子氏，山崎由貴氏にお手伝いをお願いし，各氏より数々の貴重なご意見を賜った．これら優秀な方々の協力なくして本書は成らなかった．心からの感謝をここに表させていただく．

　本当にありがとうございました．

2007 年 2 月

齋藤寛靖

参 考 文 献

[1] E. クライツィグ(北原和夫,堀素夫共訳)『常微分方程式(原書第5版)』(培風館, 1987年)
[2] ポントリャーギン(千葉克裕訳,木村俊房校閲)『常微分方程式(新版)』(共立出版, 1968年)
[3] 浅野功義,和達三樹『常微分方程式(理工学者が書いた数学の本2)』(講談社, 1987年)
[4] 矢嶋信男『常微分方程式(理工系の数学入門コース4)』(岩波書店, 1989年)
[5] 小寺平治『なっとくする微分方程式』(講談社, 2000年)
[6] マーティン・ブラウン(一樂重雄,河原正治,河原雅子,一樂祥子訳)『微分方程式—その数学と応用—(上)』(シュプリンガー・フェアラーク東京, 2001年)
[7] マーティン・ブラウン(一樂重雄,河原正治,河原雅子,一樂祥子訳)『微分方程式—その数学と応用—(下)』(シュプリンガー・フェアラーク東京, 2001年)
[8] デヴィッド・パージェス,モラグ・ボリー(垣田高夫,大町比佐栄訳)『微分方程式で数学モデルを作ろう』(日本評論社, 1990年)
[9] 石村園子『すぐわかる微分方程式』(東京図書, 1995年)
[10] 長崎憲一,中村正彰,横山利章『明解 微分方程式(改訂版)』(培風館, 2003年)
[11] 佐藤恒雄『初歩から学べる微分方程式』(培風館, 2002年)
[12] 宮岡悦良,永倉安次郎『解析学Ⅰ』(共立出版, 1996年)
[13] 宮岡悦良,永倉安次郎『解析学Ⅱ』(共立出版, 1997年)
[14] 都筑卓司『なっとくする物理数学』(講談社, 1995年)
[15] 馬場敬之『単位が取れる微積ノート』(講談社, 2002年)
[16] 齋藤寛靖『単位が取れる線形代数ノート』(講談社, 2003年)

索引 INDEX

ア

1次関数で近似　10
1次従属　125, 127
1次独立　124, 127
　関数の――　123
1階線形同次微分方程式　73
1階線形非同次微分方程式　75
1階線形微分方程式　72
1階微分方程式　54
一般解　43
　n 階線形同次微分方程式　179, 180
　n 階線形微分方程式　178
　n 階微分方程式　41
オイラーの定理　141, 175, 183
オイラー方程式　173

カ

解　40
解曲線群　43
加速度　45
関数の1次独立　123
関数の1次独立性　124
完全微分方程式　88
　――の解の公式　93, 98
　――の判定条件　95
行列式　128
行列の対角化　191
極座標変換　31
クレロー型微分方程式　116
k 重解　182
原子核崩壊　68
原始関数　15
減衰振動　152
高階線形微分方程式　178

合成関数の微分法　17, 30, 31
勾配ベクトル　27
コーシーの方程式　173
固有値　189
固有ベクトル　189
固有方程式　189

サ

サラスの規則　132
シュワルツの定理　30
瞬間速度　9
常微分方程式　41
初期条件　44
初期値問題　44
人口動態モデル　49
数学的モデル　45
斉次　72
正則　190
積の微分法　18
積分　8, 13
積分因子　72, 80, 102
積分因子法　79, 101
積分定数　15
積分は微分の逆演算　14
積分変数　13
接平面　25
線形結合　121, 122, 149
線形同次　73
全微分　22, 27
　――の逆演算　90, 93
速度　8

タ

対角化　191
単振動　151
炭素同位体法　70
置換積分法　18
定数係数 n 階線形同次微分方程式　181
定数係数 n 階線形微分方程式　178
定数係数2階線形同次微分方程式　136

索 引　203

定数係数2階線形微分方程式　120
定数変化法　77, 138, 147, 166
定積分　13
同位体　70
導関数　11
同次　72, 120
同次形　60
同次形微分方程式　60
特異解　44
特殊解　44
特性方程式　136
特解　44

ナ

2階線形同次微分方程式　121, 123
2階線形非同次微分方程式　158
2階線形微分方程式　120
ニュートンの運動方程式　151

ハ

ハミルトン・ケーリーの定理　189
半減期　70
非斉次　72
非同次　72, 120
微分　8, 10
微分可能　10
微分係数　9, 10, 27
微分・積分学基本定理　15
微分方程式　40
比例関係によって近似　13
複素定数　141
不定積分　13, 15
フビニの定理　35
部分積分法　18
ベクトル空間　122
ベルヌーイ型微分方程式　110
ベルフルスト　51
変数係数 n 階線形微分方程式　178
変数係数2階線形同次微分方程式　147
変数係数2階線形微分方程式　120

変数分離形　54
変数変換　18
偏積分　32
偏導関数　22
偏微分　19, 20
偏微分係数　21
偏微分の順序交換　30
包絡線　118
補助方程式　159
細い長方形の総和　32

マ

マルサス　49
未定係数法　160
モデル　45

ヤ・ラ

余関数　160
落体の法則　47
ラグランジュ型微分方程式　114
リッカチ型微分方程式　112
臨界減衰　154
累次積分　34
連鎖法則　17, 30, 31
連立線形同次微分方程式　187, 189
連立線形微分方程式　186
ロンスキアン　126, 169
ロンスキー行列式　126

欧文

grad　27
gradient　27
rank　129

著者紹介

齋藤寛靖（さいとうひろやす）

1991 年　某国立大学理学系大学院中退
現　在　駿台予備学校・河合塾講師

NDC413　　204p　　21cm

単位が取れるシリーズ
単位が取れる微分方程式ノート

2007 年 3 月 1 日　第 1 刷発行
2016 年 8 月 20 日　第 6 刷発行

著　者　齋藤寛靖（さいとうひろやす）
発行者　鈴木　哲
発行所　株式会社　講談社
　　　　〒112-8001　東京都文京区音羽 2-12-21
　　　　　　販売　(03)5395-4415
　　　　　　業務　(03)5395-3615
編　集　株式会社　講談社サイエンティフィク
　　　　代表　矢吹俊吉
　　　　〒162-0825　東京都新宿区神楽坂 2-14　ノービィビル
　　　　　　編集　(03)3235-3701
印刷所　豊国印刷株式会社
製本所　株式会社国宝社

落丁本・乱丁本は，購入書店名を明記のうえ，講談社業務宛にお送り下さい。送料小社負担にてお取替えします。
なお，この本の内容についてのお問い合わせは，講談社サイエンティフィク宛にお願いいたします。
定価はカバーに表示してあります。

© Hiroyasu Saitoh, 2007

本書のコピー，スキャン，デジタル化等の無断複製は著作権法上での例外を除き禁じられています。本書を代行業者等の第三者に依頼してスキャンやデジタル化することはたとえ個人や家庭内の利用でも著作権法違反です。

JCOPY　〈(社)出版者著作権管理機構　委託出版物〉

複写される場合は，その都度事前に(社)出版者著作権管理機構（電話 03-3513-6969, FAX 03-3513-6979, e-mail: info@jcopy.or.jp）の許諾を得て下さい。

Printed in Japan

ISBN978-4-06-154464-2

これで単位は落とさない！ 単位が取れるシリーズ

単位が取れる 微分方程式ノート 齋藤 寛靖・著　A5・204頁・本体2,400円	単位が取れる 微積エッセンス 齋藤 寛靖・著　A5・183頁・本体2,200円
単位が取れる 微積ノート 馬場 敬之・著　A5・205頁・本体2,400円	単位が取れる 微積演習帳 西岡 康夫・著　A5・209頁・本体2,400円
単位が取れる 力学ノート 橋元 淳一郎・著　A5・189頁・本体2,400円	単位が取れる フーリエ解析ノート 高谷 唯人・著　A5・191頁・本体2,400円
単位が取れる 電磁気学ノート 橋元 淳一郎・著　A5・238頁・本体2,600円	単位が取れる 電磁気学演習帳 橋元 淳一郎・著　A5・238頁・本体2,600円
単位が取れる 熱力学ノート 橋元 淳一郎・著　A5・204頁・本体2,400円	単位が取れる 量子力学ノート 橋元 淳一郎・著　A5・270頁・本体2,800円
単位が取れる 解析力学ノート 橋元 淳一郎・著　A5・175頁・本体2,400円	単位が取れる 流体力学ノート 武居 昌宏・著　A5・246頁・本体2,800円
単位が取れる 橋元流 物理数学ノート 橋元 淳一郎・著　A5・166頁・本体2,200円	単位が取れる 物理化学ノート 吉田 隆弘・著　A5・186頁・本体2,400円
単位が取れる 量子化学ノート 福間 智人・著　A5・190頁・本体2,400円	単位が取れる 有機化学ノート 小川 裕司・著　A5・222頁・本体2,600円

単位が取れる ミクロ経済学ノート 石川 秀樹・著　A5・150頁・本体1,900円	単位が取れる マクロ経済学ノート 石川 秀樹・著　A5・142頁・本体1,900円	単位が取れる 経済数学ノート 石川 秀樹・著　A5・135頁・本体1,900円

※表示価格は本体価格（税別）です。消費税が別に加算されます。　　「2016年8月現在」

講談社サイエンティフィク　http://www.kspub.co.jp/